essentials

essentials liefern aktuelles Wissen in konzentrierter Form. Die Essenz dessen, worauf es als „State-of-the-Art" in der gegenwärtigen Fachdiskussion oder in der Praxis ankommt. *essentials* informieren schnell, unkompliziert und verständlich

- als Einführung in ein aktuelles Thema aus Ihrem Fachgebiet
- als Einstieg in ein für Sie noch unbekanntes Themenfeld
- als Einblick, um zum Thema mitreden zu können

Die Bücher in elektronischer und gedruckter Form bringen das Expertenwissen von Springer-Fachautoren kompakt zur Darstellung. Sie sind besonders für die Nutzung als eBook auf Tablet-PCs, eBook-Readern und Smartphones geeignet. *essentials:* Wissensbausteine aus den Wirtschafts-, Sozial- und Geisteswissenschaften, aus Technik und Naturwissenschaften sowie aus Medizin, Psychologie und Gesundheitsberufen. Von renommierten Autoren aller Springer-Verlagsmarken.

Weitere Bände in der Reihe http://www.springer.com/series/13088

Torsten Schmiermund

Die Avogadro-Konstante

Entstehung einer Naturkonstante

Torsten Schmiermund
Frankfurt am Main, Deutschland

ISSN 2197-6708 ISSN 2197-6716 (electronic)
essentials
ISBN 978-3-658-29278-2 ISBN 978-3-658-29279-9 (eBook)
https://doi.org/10.1007/978-3-658-29279-9

Die Deutsche Nationalbibliothek verzeichnet diese Publikation in der Deutschen Nationalbibliografie; detaillierte bibliografische Daten sind im Internet über http://dnb.d-nb.de abrufbar.

Planung/Lektorat: Rainer Münz
Springer Spektrum ist ein Imprint der eingetragenen Gesellschaft Springer Fachmedien Wiesbaden GmbH und ist ein Teil von Springer Nature.
Die Anschrift der Gesellschaft ist: Abraham-Lincoln-Str. 46, 65189 Wiesbaden, Germany

Was Sie in diesem *essential* finden können

- Chemische und physikalische Gesetze die zur Entwicklung der Avogadro-Konstante beigetragen haben
- Erläuterungen zum Begriff „Mol“
- Verschiedene Methoden zur Messung der Avogadro-Konstante
- Eine Übersicht über das aktuelle Internationale Einheitensystem (SI)

Vorwort

Im Mai 2019 ging ein lang gehegter Wunschtraum der Metrologen in Erfüllung: Endlich wurden alle internationalen Einheiten – so weit möglich – über physikalische Naturkonstanten definiert.

Insbesondere ist seither das Kilogramm nicht mehr über den sogenannten Kilogramm-Prototypen definiert, also über einen besonderen Platin-Iridium Zylinder, der im *Bureau International des Poids et Mesures* (BIPM) bei Paris aufbewahrt wird.

Im neuen Einheitensystem wird die Masseneinheit Kilogramm über den Zahlenwert des Planck'schen Wirkungsquantums definiert. Dadurch kann die Masseneinheit wie alle anderen Einheiten auch jederzeit und überall auf der Welt „dargestellt" werden.

Außerdem ist so kein Punkt auf der Masseskala ausgezeichnet, d. h. jede Bestimmung einer Masse, von Elementarteilchen bis zu makroskopischen Körpern, kann im Prinzip direkt über die Definition durchgeführt werden.

Während die Einheit der Stoffmenge, das Mol, früher über eine Masse definiert war, gilt in Zukunft der Zahlenwert der Avogadro-Konstante als Fest für das Mol.

Die Bestimmung der Avogadro-Konstante im alten Einheitensystem hat bei der Festlegung der definierenden Konstanten eine große Rolle gespielt, sowohl für den Zahlenwert der Avogadro-Konstante als auch für den Zahlenwert der Planck-Konstante.

Torsten Schmiermund hat aus diesem Anlass einen interessanten historischen Rückblick über die Avogadro-Konstante geschrieben, nicht nur über die Messung sondern insbesondere auch über das wechselnde Verständnis dieser wichtigen Naturkonstante.

Dezember 2019

Horst Bettin
Leiter des Avogadro-Projekts der
Physikalisch-Technischen Bundesanstalt (PTB)

Inhaltsverzeichnis

1 Einleitung

Bereits zu Beginn der Chemie als Naturwissenschaft ergab sich das Problem, Atome und Moleküle in irgendeiner Art und Weise „abmessen" zu wollen bzw. zu müssen. Insbesondere durch die Einführung genauer Wägung in der Chemie durch A. Lavoisier wurde dieses Problem immer drängender.

Literaturhinweis
Sollten Sie sich näher mit einzelnen Themen oder Stichworten befassen wollen, dann werfen Sie einen Blick in das Literaturverzeichnis. Hier finden Sie, neben der für dieses *essential* verwendeten Literatur, weitere Buchtipps.

1.1 Bedeutung der Avogadro-Konstante

Die Avogadro-Konstante (Formelzeichen N_A) ist eine physikalisch-chemische Konstante, deren Wert experimentell bestimmt werden muss (vergleiche Kap. 3). Sie verknüpft die Welt der Atome mit unserer Umwelt und ist für die Naturwissenschaften eine wichtige Größe.

Alle Naturkonstanten sind von fundamentaler Bedeutung für Wissenschaft und Technik und werden daher auch als Fundamentalkonstanten bezeichnet.

Die Avogadro-Konstante verknüpft die Anzahl an Teilchen N (Atome, Moleküle, Ionen, …) mit der Stoffmenge n. Damit werden Größen, die im Alltag des chemischen Labors auftreten, beschrieben; so z. B.: Stoffmengenkonzentration ($c = n/V$), Stoffmengenanteil ($\chi_A = n_A/n_{ges}$), Äquivalentstoffmengenkonzentration $\left(c_{eq} = n/(V \cdot z)\right)$, Molalität ($b = n/m$). Über die Stoffmenge sind auch die Masse m und molare Masse M miteinander verbunden: $m = n \cdot M$. Diese Größen finden nicht

T. Schmiermund, *Die Avogadro-Konstante,* essentials,
https://doi.org/10.1007/978-3-658-29279-9_1

nur im chemischen Laboratorium und der chemischen Technik, sondern z. B. auch in der Medizin und der Biologie Anwendung.

Weiterhin sind andere wichtige Konstanten mit der Avogadro-Konstante verknüpft, z. B. die Faraday-Konstante F, die universelle Gaskonstante R, die Boltzmann-Konstante k, die elektrische Elementarladung e und die Loschmidt-Konstante n_0.

Auch andere (molare) Größen hängen eng mit der Avogadro-Konstante zusammen. So zum Beispiel die molare Wärmekapazität eines Stoffes, die nach der Regel von Dulong und Petit $C_{\text{mol}} = 3 \cdot N_{\text{A}} \cdot k = 24{,}9 \text{ J mol}^{-1} \text{ K}^{-1}$ für alle Stoffe beträgt (vergleiche hierzu z. B. Gehrtsen 2006, S. 212 f. oder Tipler 1994, S. 562 ff.).

1.2 Fundamentalkonstanten

Fundamentalkonstanten (Naturkonstanten) sind für die Naturwissenschaften aus verschiedenen Gründen von großer Bedeutung:

- Genauere Werte der Konstanten ermöglichen einen kritischen Vergleich von Theorie und Experiment.
- Die immer größere Präzision der Messung der Konstanten erfordert die Entwicklung hierfür geeigneter (Mess)Verfahren. Diese finden in der Folge häufig erneute Anwendung.
- Zur Entwicklung eines Systems, das auf reproduzierbaren und unveränderlichen Einheiten beruht, haben Naturkonstanten eine Schlüsselfunktion.
- Genaue Werte der Fundamentalkonstanten werden für Messungen und Berechnungen in der Technik und der Wissenschaft benötigt.

Fundamentalkonstanten sind „als von der Natur konstant vorgegeben“ angesehene physikalische Größen. Sie ergeben sich aus physikalischen Theorien, stellen Eigenschaften von Elementarteilchen dar oder sind Umrechnungsfaktoren bestimmter Größen, wie z. B. die örtliche Fallbeschleunigung g. Wichtige Naturkonstanten sind in der Tab. 1.1 angegeben.

Tab. 1.1 wichtige Naturkonstanten

Größe	Formelzeichen	Zahlenwert	Einheit
Lichtgeschwindigkeit (im Vakuum)	c	299 792 458	$m\ s^{-1}$
Gravitationskonstante	G	$6{,}674\ 30 \cdot 10^{-11}$	$m^3\ kg^{-1}\ s^{-2}$
Plank'sches Wirkungsquantum	h	$6{,}626\ 070\ 15 \cdot 10^{-34}$	$J\ s^{-1}$
	h	$4{,}135\ 667\ 696 \cdot 10^{-15}$	$eV\ s^{-1}$
Elementarladung	e	$1{,}602\ 176\ 634 \cdot 10^{-19}$	C
Ruhemasse des Elektrons	m_e	$9{,}109\ 383\ 7015 \cdot 10^{-31}$	kg
	m_e	$5{,}485\ 799\ 090\ 65 \cdot 10^{-4}$	u
m_e Energieäquivalent	m_ec^2	0,510 998 950 00	MeV
	m_ec^2	$8{,}187\ 105\ 7769 \cdot 10^{-14}$	J
Ruhemasse des Protons	m_p	$1{,}672\ 621\ 923\ 69 \cdot 10^{-27}$	kg
	m_p	1,007 276 466 621	u
m_p Energieäquivalent	m_pc^2	938,272 088 16	MeV
	m_pc^2	$1{,}503\ 277\ 615\ 98 \cdot 10^{-10}$	J
Ruhemasse des Neutrons	m_n	$1{,}674\ 927\ 498\ 04 \cdot 10^{-27}$	kg
	m_n	1,008 664 915 95	u
m_n Energieäquivalent	m_nc^2	939,565 420 52	MeV
	m_nc^2	$1{,}505\ 349\ 762\ 87 \cdot 10^{-10}$	J
Avogadro-Konstante	N_A	$6{,}022\ 140\ 76 \cdot 10^{23}$	mol^{-1}
Atommassenkonstante[a] ($m_u = 1/12\ {}^{12}C$)	m_u	$1{,}660\ 539\ 066\ 60 \cdot 10^{-27}$	kg
m_u Energieäquivalent	m_uc^2	$1{,}492\ 418\ 085\ 60 \cdot 10^{-10}$	J
	m_uc^2	931,494 102 42	MeV
Faraday-Konstante	F	96 485,332 12	$C\ mol^{-1}$
Universelle Gaskonstante	R	8,314 462 618	$J\ mol^{-1}\ K^{-1}$
Boltzmann-Konstante	k	$1{,}380\ 649 \cdot 10^{-23}$	$J\ K^{-1}$
	k	$8{,}617\ 333\ 262 \cdot 10^{-5}$	$eV\ K^{-1}$
Elektronenvolt	eV	$1{,}602\ 176\ 634 \cdot 10^{-19}$	J
Loschmidt-Konstante	n_0	$2{,}651\ 645\ 804 \cdot 10^{25}$	m^{-3}
Molares Normvolumen (ideales) Gas	$V_{m,0}$	$22{,}413\ 969\ 54 \cdot 10^{-3}$	$m^3\ mol^{-1}$

(Fortsetzung)

Tab. 1.1 (Fortsetzung)

Größe	Formelzeichen	Zahlenwert	Einheit
Molare Masse C-12[b]	$M(^{12}C)$	11,999 999 9958	g mol^{-1}
Konstante der molaren Masse[c]	M_u	0,999 999 999 65	g mol^{-1}

[a]Anstelle der Bezeichnung ‚Atommasseneinheit' (u) wird heute international der Begriff ‚Atommassenkonstante' (m_u) bevorzugt. Es gilt: $1\,u = 1\,m_u$ und $1\,m_u \cdot N_A = 1$ g mol^{-1}

[b]Die molare Masse der C-12 war früher auf 12,0 g mol^{-1} definiert. Der neue Wert ergibt sich aus der Festlegung der Avogadro-Konstante auf einen festen (international vereinbarten) Wert

[c]Durch die Festlegung der Avogadro-Konstante auf einen festen (international vereinbarten) Wert hat sich der Umrechnungsfaktor von 1,0 auf den angegebenen Wert geändert. Über die Beziehung $M_u = N_A \cdot m_u$ kann dies einfach nachgerechnet werden

2 Von den Anfängen bis ins 19. Jahrhundert

Bis Avogadro mit seiner Hypothese (vergleiche Abschn. 2.2.10) auf den Plan trat und bis Atome als reale Gebilde anerkannt wurden war es ein langer Weg. So lässt Goethe seinen Faust im Kap. 4 des ersten Teils der Tragödie sagen: „Dass ich nicht mehr mit saurem Schweiß // Zu sagen brauche, was ich nicht weiß // Dass ich erkenne, was die Welt // Im Innersten zusammenhält."

Und so wie Faust ging es vielen Naturforschern. Sie wollten „das Innerste der Dinge" begreifen, erkennen, erfahren. Bei den griechischen Philosophen geschah dies noch rein durch Nachdenken, in späteren Zeiten kamen gezielte Versuche und Messungen hinzu.

Betrachten wir zunächst, wie sich die Begriffe Atom, Molekül und Element entwickelt haben. Danach lernen Sie wichtige Gesetzmäßigkeiten kennen, um so schließlich zur Avogadro-Konstante zu gelangen.

2.1 Atome, Elemente, Moleküle

Was ist ein Element im Sinne der Chemie? Was ein Atom und was ein Molekül? Eine Übersicht erhalten Sie in den Abschn. 2.1.1, 2.1.2 und 2.1.3.

2.1.1 Atome

Bereits Demokrit (460–370 v. Chr.) erklärte um 400 v. u. Z., dass alle Stoffe aus „Atomen" (griech. *atomos* = unteilbar) aufgebaut sind. Er erweiterte die Auffassung seines Lehrers Leukipp von Milet dadurch, dass er annahm, die Atome der verschiedenen Stoffe unterschieden sich durch Form, Größe und Masse.

T. Schmiermund, *Die Avogadro-Konstante*, essentials,
https://doi.org/10.1007/978-3-658-29279-9_2

Weiters könnten diese Atome zueinander eine bestimmte Lage einnehmen, miteinander zusammenstoßen, sich vereinigen und wieder trennen. Auf diese Art konnte Demokrit die Vielfalt der uns umgebenden Stoffe erklären. Der griechische Philosoph Epikur (341 bis ca. 270 v. Chr.) entwickelte Jahrzehnte nach Demokrit die Atomtheorie weiter und verfasste zehn Lehrsätze über die Grundbausteine der Welt:

- Nichts entsteht aus dem, was nicht ist.
- Nichts löst sich auf in das, was nicht ist.
- Das Ganze ist unendlich.
- Das Ganze ist immer so gewesen, wie es jetzt ist, und wird immer so bleiben.
- Das Ganze besteht aus den Körpern und der Leere.
- Es gibt zwei Arten von Körpern: Atome und Aggregate (Atomzusammensetzungen).
- Die Atome bewegen sich ohne Unterlass.
- Die Atome haben mit den sinnlichen Dingen nur drei Dinge gemeinsam: Form, Volumen und Gewicht.
- Die Atome sind unendlich an Anzahl, die Leere ist unendlich an Ausdehnung.
- Die Atome von identischer Form sind unendlich in der Anzahl, ihre Formen hingegen sind unbestimmt in der Anzahl, jedoch nicht unendlich.

Die Atomtheorie geriet jedoch in Vergessenheit, da die Lehren des Aristoteles (384–322 v. Chr.) mit den vier Elementen Erde – Feuer – Wasser – Luft, sowie die Ideen von Platon (427–347 v. Chr.) die Vorstellungswelt bis hin zu den Schriften von Paracelsus (1494–1541) maßgeblich beeinflussten.

Erst der französische Physiker P. Gassendi (1592–1655) erneuerte und verbesserte die Atomtheorie von Leukipp, nachdem er bei Lukrez (ca. 98 – ca. 54 v. Chr.) darüber gelesen hatte. Der englische Chemiker Robert Boyle (1627–1692) griff dies 1661 in seinem wegweisenden Buch „The Sceptical Chymist" wieder auf und entwickelte eine weiter verbesserte Theorie der Atome.

In seinem Buch verwirft Boyle die „Lehre von den vier Elementen" und die „Lehre der drei Prinzipien", die vorwiegend auf den Schriften von Paracelsus beruhten.

Boyle führte einen neuen Element-Begriff ein, der u. a. Feuer, Erde, Wasser und Luft als Elemente ausschloss. Er führte die chemischen Veränderungen auf Änderungen in der Struktur verschieden geformter Teilchen („Korpuskeln") zurück und nahm an, dass die verschiedenen Stoffe durch den Zusammentritt verschieden geformter Korpuskeln zu unterschiedlichen Formen gebildet werden.

Aber erst mit dem Modell des englischen Chemikers John Dalton (1766–1844) kann von einer modernen, naturwissenschaftlichen Sicht des Atom-Begriffs gesprochen werden. Aufgrund seiner Untersuchungen über Gase und deren Löslichkeit in Flüssigkeiten entwickelte er ein erstes „wissenschaftliches" Atommodell.

Die zentralen Folgerungen des 1805 veröffentlichten Dalton'schen Atommodells sind:

- Stoffe bestehen aus kleinsten, nicht weiter zerlegbaren Teilchen, den Atomen.
- Die Atome verschiedener Elemente besitzen verschiedene Massen und haben verschiedene Eigenschaften.
- Die Atome eines Elements sind untereinander in ihrer Masse und ihren chemischen Eigenschaften gleich.
- Atome verschiedener Elemente können sich miteinander, im Verhältnis einfacher, ganzer Zahlen, zu Verbindungen zusammensetzen.
- Beim Zersetzen einer Verbindung können die unverändert bleibenden Atome erneut dieselbe oder auch andere Verbindungen bilden.
- Die Atome lassen sich als massive, materieerfüllte Kugeln auffassen.

Dalton legte mit seinen Untersuchungen über die relativen Massen der Atome (mit der Bezugsgröße Wasserstoff = 1, da er dessen Atome als die mit der geringsten Masse identifizierte) und einer 1805 veröffentlichten Tabelle der relativen Atommassen von 18 Elementen und Verbindungen den Grundstein für die Gesetze der konstanten und multiplen Proportionen (vergleiche Abschn. 2.2). Mit seinen zusammengesetzten „Atomverbindungen" nahm er bereits den Molekül-Begriff vorweg, der erst 1860 eingeführt wurde.

Doch die Atomtheorie fand nicht überall Anklang. So glaubte der Physikochemiker W. Ostwald (1853–1932) nicht an die Existenz von Atomen. Und noch 1910 schrieb der Professor der Universität Chicago, A. Smith, in seinem Lehrbuch „Inorganic Chemistry" davon, dass die Atom- und Molekülhypothesen nicht wörtlich genommen werden dürften. Es seien lediglich bildhafte Vorstellungen und es gäbe keine Beweise dafür, dass Atome tatsächlich existierten.

2.1.2 Elemente

Genauso, wie man sich darüber Gedanken machte, ob es ein allerkleinstes „Etwas" gäbe, das die Welt um uns herum aufbaute, machte man sich Gedanken über die Urstoffe, aus denen die Welt zusammengesetzt sein musste. Platon (427–348 v. Chr.) und sein Schüler Aristoteles zählen zu den bedeutendsten

Philosophen der Antike. Kein Wunder also, dass deren Ideen über die Elemente – aus denen „alles" aufgebaut ist – große und langanhaltende Verbreitung fanden.

Die Elemente von Platon und Aristoteles waren Erde – Feuer – Wasser – Luft und untereinander mit den Qualitäten heiß – kalt – nass – trocken verbunden. Eine Umwandlung dieser vier Elemente ineinander ist nach Aristoteles möglich. Da aber alle anderen Stoffe aus diesen vier Elementen zusammengesetzt sein mussten, musste es auch möglich sein, diese ineinander Umzuwandeln, z. B. Blei in Gold. Diese Vorstellungen bestimmten Antike und Mittelalter und führten zur Alchemie. Noch bei Paracelsus ist der Einfluss von Platon und Aristoteles deutlich zu erkennen.

Obwohl Aristoteles ein Gegner der Atomhypothese war, definierte er bereits den Begriff des Grundstoffs oder Elements in erstaunlich moderner Form:

„Alles ist entweder ein Element oder setzt sich aus Elementen zusammen. Ein Element ist das, in das andere Körper zerlegt werden können und das in ihnen entweder potentiell oder tatsächlich enthalten ist, das aber selbst nicht weiter in etwas Einfacheres oder auf irgendeine Weise Verschiedenes zerlegt werden kann."

2.1.3 Moleküle

Die Atomisten Demokrit und Leukipp sahen manche Stoffe als Elemente an, andere als aus diesen Elementen zusammengesetzte Körper. Diese zusammengesetzten Körper wurden später als ‚Atomverbindungen' bezeichnet.

2.2 Regeln und Gesetze

Ende des 18./Anfang des 19. Jahrhunderts entwickelten sich eine Reihe von Regeln und (naturwissenschaftlichen) Gesetzen, die vielfach auf Untersuchungen an gasförmigen Verbindungen zurück gehen. Im Folgenden betrachten wir diese Gesetze in ihrer historischen Reihenfolge.

2.2.1 1662/1676 – Gesetz von Boyle-Mariotte (physikalisches Gesetz)

Gase erweisen sich im Gegensatz zu Flüssigkeiten oder Feststoffen als komprimierbar („zusammendrückbar"). Beim Zusammendrücken eines Gasvolumens werden die Abstände zwischen den Gasteilchen verringert. In der Folge steigt der Druck an, da die Teilchen in dem geringeren Volumen häufiger an die Behälterwand stoßen.

Findet dieses ohne eine Temperaturänderung statt, so spricht man von einem isothermen Vorgang.

Unabhängig voneinander erkannten R. Boyle (1627–1691) und E. Mariotte (1620–1684) in den Jahren 1662 (Boyle) und 1676 (Mariotte), dass das Produkt aus Druck (p) und Volumen (V) dabei stets gleich bleibt:

$$p \cdot V = \text{const.}$$

Damit lassen sich auch bei Änderungen von Druck oder Volumen der jeweils durch die Änderung entstehende Druck bzw. das entstehende Volumen berechnen (vergleiche Abb. 2.1):

$$\mathrm{p}_1 \cdot \mathrm{V}_1 = \mathrm{p}_2 \cdot \mathrm{V}_2$$

Das Boyle-Mariott'sche Gesetz wird manchmal auch nur als „Gesetz von Boyle" bezeichnet.

Abb. 2.1 Gesetz von Boyle-Mariotte

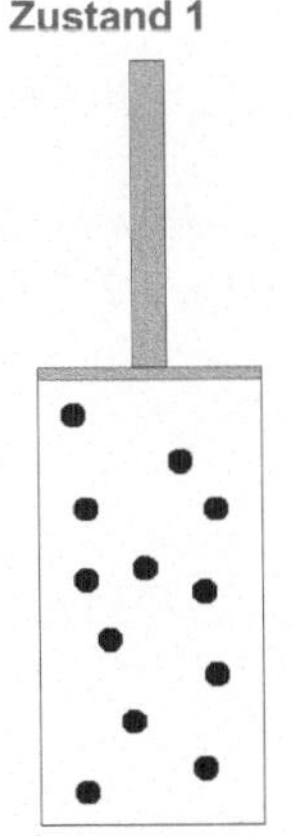

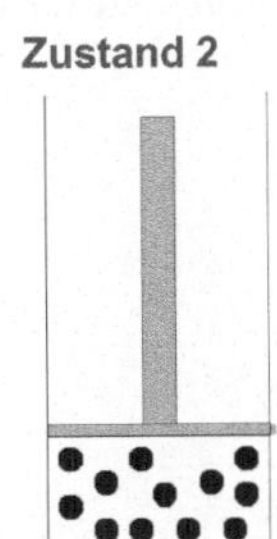

2.2.2 1702 – Gesetz von Amontons (physikalisches Gesetz)

Erwärmt man ein eingeschlossenes Gasvolumen, so steigt der Druck pro °C (bzw. pro K) Temperaturerhöhung um 1/273 des Ausgangsdrucks an. Das konnte G. Amontons (1663–1705) bereits Anfang des 18. Jahrhunderts durch Messungen belegen.

Die Gasteilchen bewegen sich schneller und stoßen daher häufiger und schneller, also mit höherer kinetischer Energie, gegen die Behälterwand. Das macht sich äußerlich als Druckerhöhung bemerkbar.

Der Quotient aus Druck (*p*) und Temperatur (*T*, angegeben in K) bleibt dabei stets gleich:

$$\frac{p}{T} = \text{const.}$$

Damit lassen sich auch bei Änderungen von Druck oder Temperatur der jeweils durch die Änderung entstehende Druck bzw. die resultierende Temperatur bestimmen (vergleiche Abb. 2.2).

$$p_1{:}T_1 = p_2{:}T_2$$

oder

$$p_1 \cdot T_2 = p_2 \cdot T_1$$

Das „Gesetz von Amontons" wird zuweilen auch als „zweiter Teil des Gay- Lussac'schen Gesetzes" (vergleiche Abschn. 2.2.4) bezeichnet.

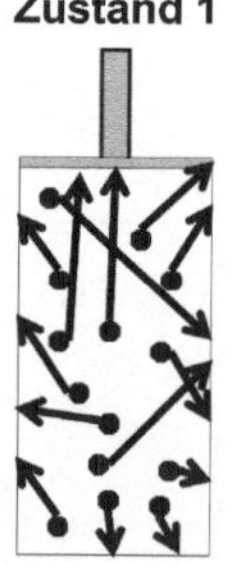

Abb. 2.2 Gesetz von Amontons

2.2.3 1748/1774 – Gesetz der Erhaltung der Masse (chemisches Gesetz)

Wird eine Kerze verbrannt, so wird diese leichter. Rostet ein Eisennagel, so wird er schwerer. Hier scheint es einen Widerspruch bei chemischen Reaktionen zu geben: Mal nimmt die Masse ab, mal nimmt sie zu.

Führt man aber die Reaktionen in einem geschlossenen Gefäß durch, so zeigt sich, dass es zu keinerlei Veränderungen in der Gesamtmasse aller beteiligten Stoffe kommt.

Nachdem M. W. Lomonossow (1711–1765) bereits 1748 postuliert hatte, die Gesamtmasse bliebe konstant, überprüfte A. L. de Lavoiser (1743–1794) dann 1774 diese Annahme mithilfe präziser Waagen. Beider Erkenntnisse führten zu dem „Gesetz der Erhaltung der Masse“:

Bei allen chemischen Vorgängen bleibt die Gesamtmasse der beteiligten Stoffe unverändert.

2.2.4 1787/1802 – Gesetz von Gay-Lussac (physikalisches Gesetz)

Der französische Physiker J. Charles (1746–1823) untersuchte bereits 1787 die Volumenänderungen bei konstantem Druck (isobare Zustandsänderung) und unterschiedlichen Temperaturen, veröffentlichte die Ergebnisse aber zunächst nicht. J. Gay-Lussac (1788–1850) führte 1802 gleichartige Untersuchungen aus. Beide gelangten zu der gleichen Erkenntnis:

Erwärmt man eine eingeschlossene Gasmenge bei konstantem Druck, so nimmt das Volumen pro °C (bzw. pro K) Temperaturerhöhung um 1/273 des Ausgangsvolumens zu. Erhöht man die Temperatur eines Gases, so nimmt die Bewegungsenergie der Teilchen zu. Bei konstantem Volumen erhöht sich der Druck. Lässt man aber nun den Druck unverändert, so erhöht sich das Volumen. Der Quotient aus Volumen (V) und Temperatur (T, Angabe in K) bleibt gleich:

$$\frac{V}{T} = \text{const.}$$

Damit lassen sich bei Änderungen von Volumen oder Temperatur die jeweils durch die Änderung auftretende Temperatur bzw. das Volumen bestimmen (vergleiche Abb. 2.3).

$$V_1{:}T_1 = V_2{:}T_2$$

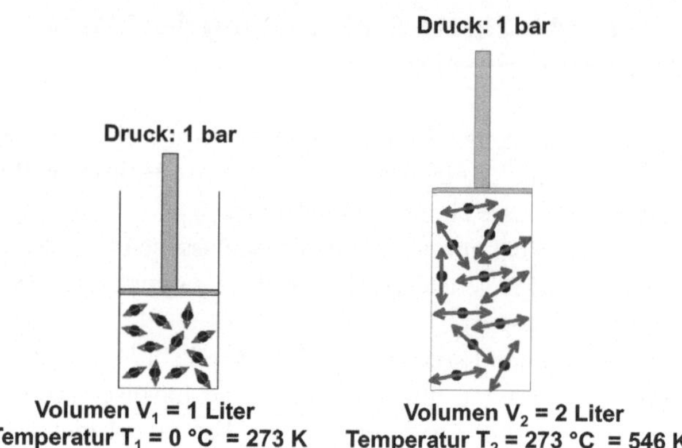

Abb. 2.3 Gesetz von Gay-Lussac

oder

$$V_1 \cdot T_2 = V_1 \cdot T_1$$

Das „Gesetz von Gay-Lussac" wird zuweilen auch als „Gesetz von Charles" bezeichnet.

2.2.5 1791 – Gesetz der äquivalenten Proportionen (chemisches Gesetz)

Untersuchungen zu den Massenverhältnissen der Reaktion zweier Elemente miteinander ergaben gewisse Regelmäßigkeiten. Beispielsweise reagiert 1 g Wasserstoff mit 3 g Kohlenstoff (1:3) zu 4 g Methan (CH4), aber mit 8 g Sauerstoff (1:8) zu 9 g Wasser.

J. B. Richter (1762–1802) stellte 1791 auf diesen Ergebnissen basierend das Gesetz der äquivalenten Proportionen auf, welches das Gesetz der konstanten Proportionen (Abschn. 2.2.6) und das Gesetz der multiplen Proportionen (Abschn. 2.2.8) einschließt.

Elemente vereinigen sich stets im Verhältnis bestimmter „Verbindungsmassen" oder deren ganzzahliger Vielfachen zu chemischen Verbindungen.

Bitte bedenken Sie, dass zu Richters Zeit die Stoffmenge (vgl. Abschn. 2.5.3) noch nicht als „Maßzahl" eingeführt worden war. Richter arbeitete ausschließlich mit den Masseverhältnissen. Heutzutage lässt sich das – anhand der Stoffmengenverhältnisse – wesentlich leichter nachvollziehen.

2.2.6 1797 – Gesetz der konstanten Proportionen (chemisches Gesetz)

Weiterhin ließ sich feststellen, dass auch das Masseverhältnis zweier Elemente, die sich zu einer Verbindung vereinigen, immer zueinander konstant ist.

So reagiert z. B. 1 g Wasserstoff immer mit 8 g Sauerstoff zu 9 g Wasser. Steht mehr Wasserstoff oder mehr Sauerstoff zur Verfügung, als es diesem Verhältnis entspricht, so bleibt ein Rest des im Überschuss befindlichen Gases übrig.

Quecksilberoxid (HgO) besteht aus 92,6 % Quecksilber und 7,4 % Sauerstoff. Auf 8 g Sauerstoff kommen also immer 100 g Quecksilber.

Die Masseverhältnisse der Elemente in einer Verbindung sind konstant.

Diese Regel wurde 1797 von J.-L. Proust (1754–1826) erkannt und wird zuweilen auch als „Proust'sches Gesetz" bezeichnet.

2.2.7 1805 – Partialdruck-Gesetz (physikalisches Gesetz)

Das Partialdruck-Gesetz von J. Dalton (auch Dalton'sches Gesetz oder Dalton-Gesetz genannt) besagt, dass der Gesamtdruck eines Gemischs idealer Gase gleich der Teildrücke (Partialdrücke) ist, die jeder der Bestandteile ausüben würde, wenn er das Gasvolumen alleine ausfüllen würde (Abb. 2.4).

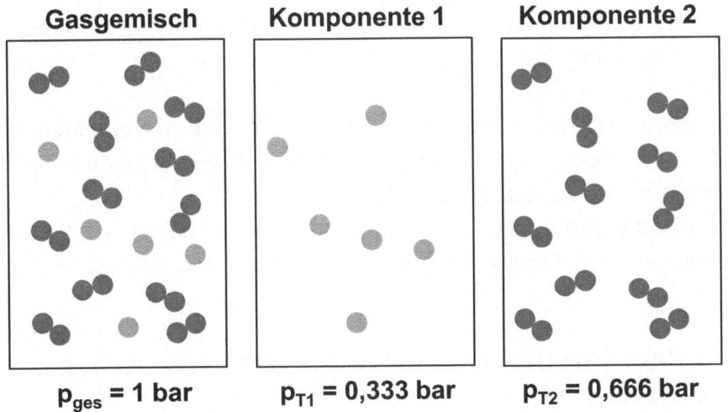

Abb. 2.4 Daltons Partialdruck-Gesetz: Ein Gemisch aus einem Drittel Helium (einzelne Kugeln) und zwei Dritteln Sauerstoff (Doppelkugeln) in die Teildrücke zerlegt

Anders gesagt: Wenn ein Kubikmeter Gas, bestehend aus 20 % Sauerstoff und 80 % Stickstoff einen Druck von 1,0 bar ausübt, dann gilt:

- Die im Gemisch enthaltene Menge an Sauerstoff (20 %) übt im gegebenen Volumen den Druck von 1,0 bar · 20 % = 0,2 bar aus. Der Partialdruck des Sauerstoffs beträgt 0,2 bar.
- Die im Gemisch enthaltene Menge an Stickstoff (80 %) übt im gegebenen Volumen den Druck von 1,0 bar · 80 % = 0,8 bar aus. Der Partialdruck des Stickstoffs beträgt 0,8 bar.

Das Dalton'sche Gesetz gilt auch für den Teildampfdruck eines Dampfs. Ein großer Vorteil dieser Gesetzmäßigkeit ist, dass das Volumenverhältnis – genauso wie das Stoffmengenverhältnis – der Einzelkomponenten verwendet werden kann.

2.2.8 1808 – Gesetz der multiplen Proportionen (chemisches Gesetz)

Blei kann mit Sauerstoff zu Bleioxid (PbO) oder zu Bleidioxid (PbO2) reagieren. Hierbei verbinden sich 10 g Blei mit 0,77 g bzw. mit 1,54 g Sauerstoff. Analog kann Kohlenstoff zu Kohlenstoffmonoxid (sogenannte „unvollständige-Verbrennung") oder zu Kohlenstoffdioxid („vollständige Verbrennung") umgesetzt werden. 1 g Kohlenstoff reagiert hierbei mit 1,33 g Sauerstoff zu 2,33 g Kohlenstoffmonoxid (CO) bzw. mit 2,66 g Sauerstoff zu 3,66 g Kohlenstoffdioxid (CO2).

Das Sauerstoffverhältnis beträgt sowohl beim Paar PbO/PbO2, als auch beim Paar CO/CO2 jeweils 1 zu 2.

Die Massenverhältnisse zweier Elemente, die sich zu verschiedenen Verbindungen vereinigen können, stehen in diesen Verbindungen in einfachen, ganzzahligen Verhältnissen zueinander.

Dieses Gesetz wurde 1808 von Dalton erkannt und stützte seine Atomhypothese. Es baut auf dem Gesetz der konstanten Proportionen auf.

2.2.9 1809 – Humboldt'sches Gasgesetz (chemisches Gesetz)

Bei der Verbrennung von Wasserstoff reagieren zwei Volumenanteile Wasserstoff mit einem Volumenanteil Sauerstoff zu zwei Volumenanteilen Wasserdampf. Zersetzt man Wasser (z. B. durch elektrischen Strom bei einer Elektrolyse), so entstehen auf einen Volumenanteil Sauerstoff immer zwei Volumenanteile Wasserstoff.

Als Reaktionsgleichungen geschrieben:

$$2\,H_2 + O_2 \xrightarrow{\text{Verbrennung}} 2\,H_2O$$

$$2\,H_2O \xrightarrow{\text{Elektrolyse}} 2\,H_2 + O_2$$

Bei Gasreaktionen treten stets einfache und ganzzahlige Volumenverhältnisse auf.

Dieses Verhältnis wurde um 1805 durch von A. v. Humboldt (1769–1859), der eng mit Gay-Lussac zusammenarbeitete, festgestellt und 1809 durch Gay-Lussac veröffentlicht.

2.2.10 1811 – Satz von Avogadro (chemisch-physikalisches Gesetz)

Nachdem man festgestellt hatte, dass sich alle Gase gegenüber Temperaturänderungen gleich verhalten und dass bei chemischen Umsetzungen mit Gasen deren Volumina einfache ganzzahlige Verhältnisse aufweisen, folgerte Avogadro 1811, dass gleiche Volumina auch eine gleiche Anzahl von Teilchen enthalten (Abb. 2.5). Der Satz lautet also:

Gleiche Volumina von Gasen enthalten bei gleichem Druck und gleicher Temperatur die gleiche Anzahl an Teilchen (Atome, Moleküle).

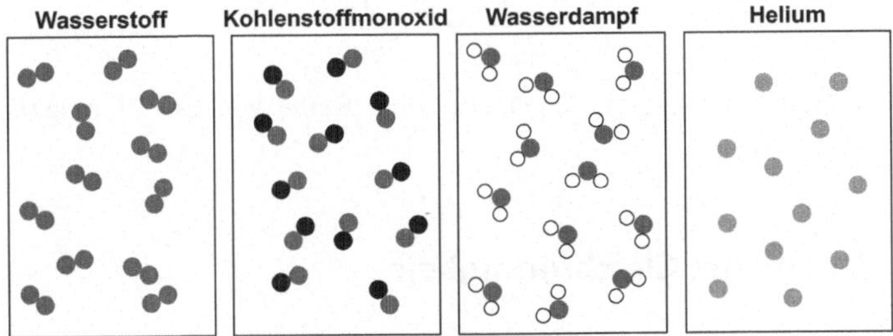

Abb. 2.5 Satz von Avogadro: Gleiche Volumina von Gasen enthalten bei gleichem Druck und gleicher Temperatur die gleiche Anzahl an Teilchen

Durch Avogadros Überlegungen konnte eine neue Größe, die Stoffmenge n eingeführt werden (vgl. Abschn. 2.5.3). Verknüpft man nun die Stoffmenge mit der allgemeinen Gasgleichung, so erhält man die universelle Gasgleichung (vergleiche Abschn. 1.3).

Avogadros Hypothese hat sich als richtig herausgestellt und wird daher heute als „Satz von Avogadro“, manchmal auch als „Gesetz von Avogadro“/„Avogadros Gesetz“, bezeichnet.

2.3 Folgerungen

Aus den Gasgesetzen und Avogadros Hypothese können nun verschiedene Sachverhalte abgeleitet werden. Es ergeben sich die allgemeine und die universelle Gasgleichung.

Zu den sich ergebenden Änderungen bei der Bestimmung der relativen Atom- und Molekülmassen vergleiche Abschn. 2.5.1.

2.3.1 Die allgemeine Gasgleichung

Zunächst können die Gesetze von Boyle-Mariotte, Amontons und Gay-Lussac zur allgemeinen Gasgleichung zusammengeführt werden:

$$\frac{p \cdot V}{T} = \text{const.}$$

oder

$$\frac{p_1 \cdot V_1}{T_1} = \frac{p_2 \cdot V_2}{T_2}.$$

Mit dieser Gleichung lassen sich bereits eine Reihe von Berechnungen durchführen.

2.3.2 Gesetz der Gleichförmigkeit

Das Gleichförmigkeitsgesetz sagt aus, dass ein Gasvolumen an jeder beliebigen Stelle die gleiche Dichte besitzt. (Die Dichte (ρ, rho) ist der Quotient aus Masse (m) und Volumen (V): $\rho = m/V$).

Nimmt man also aus einem großen Behälter mit z. B. 500 Litern Gas an einer Stelle einen Liter heraus, dann hat dieses Volumen die gleiche Masse wie ein weiterer Liter, der von einer anderen Stelle entnommen wird.

$$\frac{m}{V} = \text{const.}$$

Die Masse bestimmt sich aber über die Anzahl der Teilchen, genauer: mit der Stoffmenge (n), sodass ebenfalls gilt:

$$\frac{V}{n} = \text{const.}$$

oder

$$\frac{V_1}{n_1} = \frac{V_2}{n_2}$$

bzw.

$$\frac{V_1}{V_2} = \frac{n_1}{n_2}$$

2.3.3 Universelle Gasgleichung

Avogadros Hypothese besagt: „Gleiche Volumina aller Gase enthalten bei gleicher Temperatur und gleichem Druck die gleiche Anzahl von Teilchen“ oder anders formuliert: „Dieselbe Anzahl an Teilchen von zwei unterschiedlichen Gasen übt bei gleicher Temperatur und gleichem Volumen immer denselben Druck aus.“ Dies ergibt sich ebenfalls aus dem Gleichförmigkeitsgesetz. Darauf basierend kann nun die Anzahl der Teilchen (n) in die allgemeine Gasgleichung eingeführt werden:

$$\frac{p \cdot V}{T \cdot n} = \text{const.}$$

oder

$$\frac{p_1 \cdot V_1}{T_1 \cdot n_1} = \frac{p_2 \cdot V_2}{T_2 \cdot n_2}$$

Durch die Einführung der universellen Gaskonstante R erhält man:

$$\frac{p \cdot V}{T \cdot n} = R$$

und durch Umformen die bekannte Form der universellen Gasgleichung:

$$p \cdot V = n \cdot R \cdot T$$

Bitte beachten Sie, dass die universelle Gaskonstante R für alle Gase identisch ist, sich der Zahlenwert aber mit den verwendeten Einheiten für Druck und Volumen ändert. Die Temperatur wird immer (!) in Kelvin (K) angegeben.

2.3.4 Normbedingungen

Um im Rahmen von Berechnungen ein Bezugssystem zu erhalten, wurden die sogenannten Normbedingungen definiert.

Es gilt:

- Normdruck:
  $p_0 = 1013{,}25$ hPa $= 1013{,}25$ mbar $= 1{,}013\,25$ bar $= 0{,}101\,325$ MPa
- Normtemperatur
  $T_0 = 273{,}15$ K $= 0$ °C
- Normstoffmenge
  $n_0 = 1{,}0$ mol
- Molares Normvolumen
  $V_{m,0} = 22{,}413\,696\,54$ L mol^{-1} $= 0{,}022413\,696\,54$ m^3 mol^{-1} $\approx 22{,}414$ L mol^{-1}

Mit diesen Werten kann die universelle Gaskonstante R berechnet werden. Je nach den verwendeten Einheiten von Druck und Volumen ergeben sich unterschiedliche Werte:

- $83{,}144\,626\,18$ hPa L K^{-1} mol^{-1} $\approx 83{,}144$ hPa L K^{-1} mol^{-1}
- $8{,}314\,462\,618$ Pa m^3 K^{-1} mol^{-1} $\approx 8{,}3144$ Pa m^3 K^{-1} mol^{-1}
- $0{,}083\,144\,626\,18$ bar L K^{-1} mol^{-1} $\approx 0{,}083144$ bar L K^{-1} mol^{-1}

Angaben unter Verwendung anderer Druck-Einheiten, wie z. B. psi oder Torr oder anderen (z. B. US-amerikanischen) Volumen-Einheiten sind nicht zulässig.

Ebenfalls ergibt sich aus dem Vorgenannten die Loschmidt-Konstante (vergleiche Abschn. 2.4) zu: $n_0 = 2{,}686\,780\,111$ m^{-3}.

Anmerkungen zu den Normbedingungen

- Die Normbedingungen (Gase) bitte nicht mit den Normalbedingungen (Redox-Reaktionen, Elektrochemie) verwechseln. Die Bezugstemperatur bei Normbedingungen beträgt 273,15 K = 0 °C. Bei Normalbedingungen beträgt sie 298,15 K = 25 °C!
- In einigen Tabellenwerken sind die Werte nicht auf den Standard-Atmosphärendruck (engl. *standard atmosphere*) von 1013,25 hPa, sondern auf einen Standarddruck von 100 kPa (engl. *standard-state pressure*) bezogen. Damit ergeben sich: $V_{m,0(sp)} = 22{,}710\,954\,64\ \mathrm{L\ mol^{-1}}$ und $n_{0(sp)} = 2{,}651\,645\,804\ \mathrm{m^{-3}}$.

2.4 Avogadro oder Loschmidt? Zahl oder Konstante?

Der deutsche Physiker Loschmidt bestimmte 1865 als erster überhaupt die Avogadro-Konstante (vergleiche Abschn. 3.1). Wahrscheinlich ist es auf Betreiben von L. Boltzmann zurückzuführen, dass – insbesondere im deutschsprachigen Raum – die Anzahl der Moleküle je Mol *ehemals* als Loschmidt-Zahl N_L oder L bezeichnet wurde, während man ansonsten dem Begriff Avogadro-Konstante N_A bevorzugte. Heute ist die Bezeichnung Avogadro-Konstante N_A international festgelegt. Der Begriff „Loschmidt-Zahl" mit dem Formelzeichen N_L darf nicht mehr benutzt werden – auch nicht für Referate oder Hausarbeiten.

Als **Loschmidt-Konstante n_0** wird definitionsgemäß die Anzahl der (Gas) Moleküle je Volumeneinheit bezeichnet. Mit der Anzahl der Moleküle N, der Stoffmenge n, dem Volumen eines beliebigen Gases unter Normbedingungen V_0 und dem molaren Normvolumen $V_{m,0}$ ergibt sich mit $N_A = N/n$ und $n_0 = n/V_{0,m}$ ein molares Normvolumen von $V_{0,m} = V_0/n$ und eine Teilchenanzahl von $N = n \cdot N_A = V_0 \cdot n_0$. Durch Kombination erhält man:

$$n_0 = \frac{N_A}{V_{m,0}} = \frac{6{,}022 \cdot 10^{23}\ \mathrm{mol}}{22{,}414\ \mathrm{dm^3\ mol}} = 2{,}687 \cdot 10^{22}\ \mathrm{dm^{-3}}$$

Der exakte Wert beträgt bei Normbedingungen (vergleiche Abschn. 2.3.4): $n_0 = 2{,}686\,780\,111 \cdot 10^{25}\ \mathrm{m^{-3}}$.

Und was sind diese Werte nun? „Zahl" oder „Konstante"? Auch hier werden beide Begriffe – leider – synonym zueinander verwendet. Avogadro-Zahl bzw. Loschmidt-Zahl sind die reinen Zahlenwerte. Damit ein Zahlenwert zu einer Konstanten werden kann, muss eine Einheit zugefügt werden. Es gilt also:

- Avogadro-Zahl: $6{,}022 \cdot 10^{23}$
- **Avogadro-Konstante:** $N_A = 6{,}022 \cdot 10^{23}\ \text{mol}^{-1}$
- Loschmidt-Zahl: $2{,}687 \cdot 10^{19}$ *oder* $2{,}687 \cdot 10^{22}$ *oder* $2{,}687 \cdot 10^{25}$
- **Loschmidt-Konstante:** $n_0 = 2{,}687 \cdot 10^{25}\ \text{m}^{-3}$

▶ **Hinweis** Zur Unterscheidung von der Avogadro-Konstante (N_A) wird für die Avogadro-Zahl zeitweise das Formelzeichen N_0 verwendet.

2.5 Der Mol-Begriff

Der Begriff „Mol" erfuhr im Laufe der Jahre ebenfalls eine Wandlung. Er entstammt wie der Begriff „Molekül" dem lateinischen Wort *molecula*, was soviel wie „kleine Masse" bedeutet. Zuerst diente „Mol" als Abkürzung für ‚Molekulargewicht'. Erst mit der Einführung des Begriffs der Stoffmenge wurde das Mol zu deren Einheit.

2.5.1 Absolute und relative Molekülmassen

Die (absoluten) Massen der Atome und Moleküle (m_A bzw. m_M) liegen in der Größenordnung von 10^{-24} bis 10^{-27} kg und sind damit für den täglichen Gebrauch viel zu klein und zu unhandlich. Daher begann man schon im 18. Jahrhundert so genannte relative Atom- bzw. Molekülmassen zu entwickeln. Zunächst wählte man als Bezugspunkt den Wasserstoff, das leichteste Element. Später bezog man sich auf 1/16 der Masse des Sauerstoffs. Durch die Entdeckung der Isotopie erkannte man bald, dass der natürliche Sauerstoff (^{nat}O) der Umgebungsluft aus Isotopen unterschiedlicher Neutronenanzahl und damit unterschiedlicher Masse besteht. Die IUPAC (International Union of Pure and Applied Chemistry) behielt die Definition der atomaren Masseneinheit amu (*atomic mass unit*) bis 1961 bei. Es galt: 1 amu = 1/16 m(^{nat}O). Die IUPAP (International Union of Pure and Applied Physics) hingegen stellte ihre Bezugsgröße bereits 1929 auf 1 amu = 1/16 m(^{16}O) um. Dies hatte zur Folge, dass Chemiker und Physiker mit geringfügig unterschiedlichen Werten der relativen Atom- und Molekülmassen umgingen.

1961 einigten sich IUPAC und IUPAP darauf, sich auf das Kohlenstoffisotop C-12 zu beziehen und die Einheit als *unified atomic mass unit* (u) zu bezeichnen. Seither galt: 1 u = 1/12 m(^{12}C). Durch die Festlegung der Avogadro-Konstante ist auch dies mittlerweile nicht mehr *exakt* gültig (vergleiche Abschn. 5.3).

Zusätzliche Informationen

In der Chemie war zwischenzeitlich auch die awu (*atomic weight unit*) mit 1 awu = 1/16 m(^{nat}O) gebräuchlich. Zur Umrechnung Chemie ↔ Physik (also: awu ↔ amu) wurde der so genannte Smythe'sche Faktor verwendet: 1 amu = 1,000 275 awu. Der Unterschied ^{nat}O zu ^{16}O beträgt also „nur" rund 0,3 ‰.

Für die Umrechnung der neuen vereinheitlichten Masseneinheit u in die alten amu- bzw. awu-Einheiten galt: 1 $u_{(ab\ 1961)}$ = 1,000 317 9 $amu_{(physikal.)}$ = 1,000 647 $awu_{(chem.)}$.

Durch die Definition des Mols als die Anzahl an Atomen oder Molekülen, die der Anzahl an C-Atomen in 12,00 g des Kohlenstoffisotops ^{12}C entspricht, ergab sich automatisch, dass die Einheiten g mol^{-1} und u ohne eine Änderung des Zahlenwertes gegeneinander „getauscht" werden konnten, da galt: $1\ \mathrm{u} \cdot N_A = 1\ m_u \cdot N_A = 1\ \mathrm{g\ mol}^{-1}$.

Die Bestimmung der relativen Atom- und Molekülmassen war Anfang/Mitte des 19. Jahrhunderts ein Forschungsgebiet vieler Naturwissenschaftler. Durch die Zuordnung der relativen Masse 1 für Wasserstoff ergaben sich zunächst für Kohlenstoff 6, für Sauerstoff 8 und für Wasser 9 Einheiten.

Avogadro versuchte 1811 die relativen Atom- bzw. Molekülmassen bei der Bildung gasförmiger Verbindungen aufgrund ihrer Volumenverhältnisse abzuschätzen. Hierzu kombinierte er das Gay-Lussac'sche Gasgesetz (Abschn. 2.2.4) mit dem Humboldt'schen Gasgesetz (Abschn. 2.2.9). Er erkannte, dass die elementaren Gase zweiatomig – also molekular – sind. Daraus entstand seine Hypothese (Abschn. 2.2.10), die heute eine feste Regel darstellt.

Diese Hypothese hatte aber noch weitreichendere Folgen. Seine Ideen und Erkenntnisse sollten sich für die Begriffe ‚Atom', ‚Äquivalent' und ‚Molekül' als fruchtbar erweisen. Auf einem internationalen Chemiker-Kongress in Karlsruhe 1860 – zwei Jahre nach Avogadros Tod – trat S. Cannizzaro (1826–1910) für Avogadros Ideen ein, woraufhin sie allgemeine Anerkennung fanden.

Eine der direkten Folgen waren nun korrigierte relative Atom- und Molekülmassen. Da Wasserstoff offensichtlich nicht als „H", sondern vielmehr als „H_2" aufzufassen war, konnte Wasser auch nicht die Formel „HO" besitzen; es musste sich (z. B. aus den Volumenverhältnissen bei der Elektrolyse ableitbar) vielmehr um „H_2O" handeln. Daraus ergaben sich (bei der Masse 1 für H) nun: gasförmiger Wasserstoff (H_2) = 2 Einheiten, gasförmiger Sauerstoff (O_2) = 32 Einheiten (mit O = 16 Einheiten), Wasser = 18 Einheiten und C = 12 Einheiten.

2.5.2 Grammatom und Grammmolekül

Die relative Molekülmasse bezeichnete man **früher** als Molekulargewicht und die Masse eines Stoffes in Gramm, der der relativen Molekülmasse (bezogen auf z. B. H = 1) entsprach, als Grammmolekül, kurz g-Molekül oder abgekürzt g-Mol. Analog sprach man von dem Grammatom, kurz g-Atom oder g-At anstelle der relativen Atommasse (früher auch Atomgewicht genannt).

Da nach dem Satz von Avogadro bekannt war, dass genau ein g-Molekül eines beliebigen Stoffs genauso viele Moleküle enthält, wie genau ein g-Molekül einer anderen Substanz, lag es nahe diese Anzahl an Molekülen bestimmen zu wollen. Hierbei gelangte man – mehr oder minder genau – immer zu dem gleichen Zahlenwert: ca. $6 \cdot 10^{23}$ Teilchen waren in so einem Grammmolekül einer beliebigen Verbindung enthalten. (Näheres zur Bestimmung vergleiche Kap. 3). **Diese Anzahl an Teilchen wird Avogadro-Zahl genannt.**

2.5.3 Die Stoffmenge

Der Begriff ‚Mol' wurde 1893 durch W. Ostwald (1853–1932) erstmalig verwendet und wahrscheinlich von ihm aus dem Wort ‚Molekül' abgeleitet. So schrieb er 1893 in seinem „Hand- und Hilfsbuch zur Ausführung Physiko-Chemischer Messungen": „Nennen wir allgemein das Gewicht in Grammen, welches dem Molekulargewicht eines gegebenen Stoffes numerisch gleich ist, ein Mol, …" (zitiert nach Stosch et al. 2019). Zunächst war diese Bezeichnung demnach nur eine Kurzform des Grammmoleküls („in Gramm abgewogene Molekulargewichte", zitiert nach Römpp 1995), wandelte sich jedoch zu einem übergeordneten Begriff.

Bereits 1909 schlug J.-B. Perrin (1870–1942) vor, die Anzahl der Teilchen je Mol als Avogadro-Zahl zu bezeichnen. Dies bedeutete im Umkehrschluss, die Anzahl an Teilchen die der Avogadro-Zahl entsprach als Mol zu bezeichnen. Diese Betrachtungsweise verfestigte sich im Laufe der Jahre und in Anlehnung an ‚Avogadro-Zahl' sprach man bald von der ‚Molzahl'.

Mit der Erweiterung des SI-Systems um die Stoffmenge (Formelzeichen n) 1971 wurde es notwendig eine Einheit für diese „Stoffportion" zu wählen. Man blieb bei dem bereits etablierten Begriff ‚Mol' und wies ihm das Einheitenzeichen mol zu. Der Begriff ‚Molzahl' ist damit obsolet geworden und sollte keinesfalls mehr verwendet werden; zumal man ja auch nicht von „Meterzahl" oder „Kilogrammzahl" spricht …

▶ **Einheiten der Stoffmenge** Die Einheit der Stoffmenge ist das Mol (Formelzeichen mol) und im SI über die Avogadro-Konstante N_A definiert.

Im Labor werden Stoffmengen häufig Angaben in Millimol (mmol $= 10^{-3}$ mol) oder Mikromol (μmol $= 10^{-6}$ mol) angegeben. In der Großtechnik finden Kilomol (kmol $= 10^{3}$ mol) und Megamol (Mmol $= 10^{6}$ mol) Anwendung.

Daneben wurde bis ca. 1960 in der Chemie und der Kernphysik noch das Dalton (Formelzeichen Da) – zu Ehren des Chemikers John Dalton – verwendet. Es gilt:

$$1\ \mathrm{Da} = 1\ \mathrm{u} = 1\ m_{\mathrm{u}} = 1{,}660\ 539\ 066\ 60 \cdot 10^{-27}\ \mathrm{kg} \mathrel{\hat{=}} 1\ \mathrm{g\ mol^{-1}}$$

In der Medizin und der Biologie werden auch heute noch z. B. die Massen von großen Biomolekülen (z. B. Polypeptide) häufig in der Nicht-SI-Einheit Kilodalton (kDa) angegeben. Auch in den USA ist das Dalton (entgegen internationaler Empfehlungen) als Stoffmengeneinheit noch weit verbreitet.

3 Die Messung der Avogadro-Konstante

Die Avogadro-Konstante kann mit einer Vielzahl von Methoden bestimmt werden. Einige Methoden sollen hier beispielhaft erläutert werden. Gemäß Literatur (Bethge et al. 2004) sind rund 60 Varianten bekannt, um die Avogadro-Konstante zu bestimmen. Einige wenige sollen nun beispielhaft aufgezeigt werden.

3.1 Aus Daten der Luft (Loschmidt)

Loschmidt wollte 1865 die Größe der Luftmoleküle bestimmen. Aus der bekannten mittleren freien Weglänge der Moleküle (der Weg, den ein Molekül zurücklegt, bevor es auf ein anderes trifft) und dem Kondensationskoeffizienten (dem Verhältnis der Dichte der gasförmigen Luft zur Dichte der verflüssigten Luft) schätze er die Größe auf 10^{-9} m ab. Zudem gab er die Anzahl der Atome verflüssigter Luft in einem Würfel mit 250 nm Kantenlänge zu $1 \cdot 10^8$ an.

Damit ergeben sich $6{,}4 \cdot 10^{24}$ Atome je Liter und daraus $7{,}6 \cdot 10^{22}$ Moleküle je Mol. Dieser Wert liegt jedoch um Faktor ~ 8 zu niedrig. (Vergleiche z. B. Seyfried 1984).

3.2 Öltropfenversuch

Lässt man eine stark verdünnte Lösung von Ölsäure (Formel: $C_{17}H_{33}COOH$) in Wundbenzin auf eine Wasseroberfläche tropfen, so verdunstet das Benzin sehr schnell. Zurück bleibt eine monomolekulare Schicht von Ölsäure, deren Durchmesser bestimmt werden kann. (Zur besseren Sichtbarmachung streut man Bärlappsporen auf die Wasseroberfläche). Nimmt man an, dass das einzelne

T. Schmiermund, *Die Avogadro-Konstante*, essentials,
https://doi.org/10.1007/978-3-658-29279-9_3

Ölsäuremolekül näherungsweise kugel- oder würfelförmig ist und der Würfel die Kantenlänge d besitzt, dann ergibt sich für das einzelne Ölsäuremolekül ein Volumen von d^3. Die Konzentration der Ölsäure-Lösung beträgt 0,02 %. 20 Tropfen dieser Lösung sind genau 1,0 mL, sodass ein Tropfen der Lösung ein Volumen von 0,05 cm^3 besitzt. Hieraus ergibt sich beim Auftrag eines Tropfens ein Ölsäure-Volumen (nachdem das Benzin verdunstet ist) von $1 \cdot 10^{-5}$ cm^3. Die molare Masse der Ölsäure beträgt 282,47 g/mol, ihre Dichte 0,89 g/cm^3. Der Kreisdurchmesser wurde mit 12,6 cm bestimmt.

Berechnung:

a) Fläche (A) des monomolekularen Ölsäurefilms nach $A = \pi r^2$:

$$A = \pi \cdot r^2 = \pi \cdot (6{,}3\ \text{cm})^2 = 124{,}69\ \text{cm}^2$$

b) Dicke (d) des Ölfilms nach $d = V/A$:

$$d = \frac{V}{A} = \frac{10^{-5}\ \text{cm}^3}{124{,}69\ \text{cm}^2} = 8{,}02 \cdot 10^{-8}\ \text{cm}$$

c) Volumen des einzelnen Ölsäuremoleküls nach $V_{\text{Ö}} = d^3$:

$$V_{\text{Ö}} = d^3 = (8{,}02 \cdot 10^{-3}\ \text{cm})^3 = 5{,}158 \cdot 10^{-22}\ \text{cm}^3$$

d) Volumen eines Mols Ölsäure nach $V_{\text{mol}} = M/\rho$:

$$V_{\text{mol}} = \frac{M}{\rho} = \frac{282{,}47\ \text{g cm}^3}{0{,}89\ \text{g mol}} = 317{,}38\ {}^{\text{cm}^3}/_{\text{mol}}$$

e) Avogadro-Konstante nach $V_{\text{mol}}/V_{\text{Ö}}$:

$$N_{\text{A}} = \frac{V_{\text{mol}}}{V_{\text{Ö}}} = \frac{317{,}38\ \text{cm}^3}{5{,}158 \cdot 10^{-22}\ \text{cm}^3\ \text{mol}} = 6{,}153 \cdot 10^{23}\ \text{mol}^{-1} \approx 6{,}15 \cdot 10^{23}\ \text{mol}^{-1}$$

3.3 Elektrolyse von verdünnter Schwefelsäure

Wird Wasser elektrolysiert, so findet eine Zersetzung gemäß $2\ H_2O \rightarrow 2\ H_2 + O_2$ statt. Zur Erhöhung der Leitfähigkeit wird dem Wasser etwas Schwefelsäure zugesetzt. Aus dem Volumen der entstandenen Gase und der eingesetzten Menge an elektrischem Strom kann die Avogadro-Konstante ermittelt werden.

Bei einer Elektrolysezeit von t = 86 s und einer Stromstärke von $I = 0{,}5$ A wurde bei 25 °C ein Volumen von 10,9 mL Sauerstoff erhalten.

Berechnung:

a) Die Umrechnung nach dem Gay-Lussac'schen Gesetzt (Abschn. 2.2.4) ergibt für 0 °C (= 273 K) ein Volumen von $9{,}9856 \cdot 10^{-3}$ L.

b) Die Dichte von Sauerstoff beträgt bei Normbedingungen $\rho(O_2) = 1{,}429 \text{ g L}^{-1}$. Über die Beziehung $m = \rho \cdot V$ ergibt sich eine Sauerstoffmasse von:

$$m = \rho \cdot V = 1{,}429 \text{ g L}^{-1} \cdot 9{,}9856 \cdot 10^{-3} \text{ L} = 0{,}014269 \text{ g}$$

c) Die Stoffmenge an Sauerstoff ergibt sich bei einer molaren Masse von $M(O_2) = 32 \text{ g mol}^{-1}$ zu:

$$n = \frac{m}{M} = \frac{0{,}014269 \text{ g mol}}{32 \text{ g}} = 4{,}4592 \cdot 10^{-4} \text{ mol}$$

d) Die Anzahl der abgeschiedenen Teilchen N ergibt sich aus der Ladungsmenge Q und der Elementarladung $e_0 = 1{,}6022 \cdot 10^{-19}$ A s:

$$N = \frac{Q}{e_0} = \frac{0{,}5 \text{ A} \cdot 86 \text{ s}}{1{,}6022 \cdot 19^{-19} \text{ A s}} = 2{,}68381 \cdot 10^{20}$$

e) Über die Beziehung $N = N_A \cdot n$ ergibt sich die Avogadro-Konstante zu:

$$N_A = \frac{N}{n} = \frac{2{,}68381 \cdot 10^{20}}{4{,}4592 \cdot 10^{-4} \text{ mol}} = 6{,}0186 \cdot 10^{23} \text{ mol}^{-1} \approx 6{,}02 \cdot 10^{23} \text{ mol}^{-1}$$

Anmerkung zur Bestimmung der Elementarladung

Zur Bestimmung der Elementarladung (e_0 oder e) führte R. A. Millikan (1868–1953) 1910 einen sehr bekannten Versuch durch. Er bestimmte die elektrische Elementarladung, indem er feinste Öltröpfchen in das homogene elektrische Feld eines Plattenkondensators einbrachte. Durch Anlegen einer äußeren Spannung – und damit einer Verstärkung des elektrischen Feldes – konnten die Tröpfchen in der Schwebe gehalten und daraus die Ladungsmenge je Tröpfchen berechnet werden. (Details siehe z. B. bei Höfling 1990, S. 427 f.)

Als Ergebnis bestimmte sich die Elementarladung zu $Q = z \cdot e$, mit $z = 1, 2, 3, \ldots$ und der Elementarladung $e = 1{,}6022 \cdot 10^{-19}$ A s.

Die Elementarladung e ist daher – wie aus dem Vorgenannten ersichtlich – über die Faraday-Konstante *direkt* mit der Avogadro-Konstante verknüpft: $F = N_A \cdot e$.

3.4 Sedimentationsgeschwindigkeit

Die Avogadro-Konstante kann auch aus dem Sedimentationsgleichgewicht bestimmt werden. Hierzu wird eine Suspension von Gummigutt-Kügelchen unter dem Mikroskop hinsichtlich ihrer Sedimentationsgeschwindigkeit betrachtet. Für einen Teilchenradius $a = 212$ nm bei einer Dichte des Gummigutts von $\rho_G = 1{,}207$ g cm^3 ergibt sich bei 20 °C ein Wert von $N_A = 7{,}3 \cdot 10^{23}$ mol^{-1} (Details siehe bei Moore 1990, S. 83 f.).

3.5 Boltzmann-Konstante

Die Boltzmann-Konstante (nach L. Boltzmann, 1844–1906) dient der Umrechnung von absoluten Temperaturen in Energien und ist eine Naturkonstante. Die Boltzmann-Konstante k (auch k_B) kann z. B. aus der barometrischen Höhenformel oder der Diffusion bestimmt werden.

Aus den Gasgesetzen lässt sich die universelle Gaskonstante R bestimmen (vergleiche Abschn. 2.3.3). Da $R = N_A \cdot k$ gilt ergibt sich mit $R = 8{,}3143$ Pa m^3 mol^{-1} K^{-1} und $k = 1{,}380\ 649$ J K^{-1}:

$$N_A = \frac{R}{k} = \frac{8{,}3143 \text{ Pa m}^3 \text{ K}}{1{,}380\ 649 \cdot 10^{-23} \text{ J mol K}} = 6{,}019\ 78 \text{ mol}^{-1} \approx 6{,}02 \cdot 10^{23} \text{ mol}^{-1}$$

Anmerkung zur Umrechnung der Einheiten
Es gilt: Pa = N/m^2 und N = kg m/s^2, sowie J = N m. Daraus folgt die vollständige Einheitengleichung:

$$[N_A] = \frac{[R]}{[k]} = \frac{\text{N} \cdot \text{m}^3 \cdot \text{K}}{\text{m}^2 \cdot \text{mol} \cdot \text{K} \cdot \text{N} \cdot \text{m}} = \frac{\text{kg} \cdot \text{m} \cdot \text{m}^3 \cdot \text{K} \cdot \text{s}^2}{\text{s}^2 \cdot \text{m}^2 \cdot \text{mol} \cdot \text{K} \cdot \text{m} \cdot \text{kg} \cdot \text{m}} = \frac{1}{\text{mol}}$$

3.6 Radioaktiver Zerfall

Auch aus dem radioaktiven Zerfall bestimmter Isotope kann die Avogadro-Konstante ermittelt werden. Hierzu bieten sich α-Strahler an, da die Menge an entstandenem Helium relativ leicht bestimmt werden kann. Zudem bestimmt man die Aktivität des jeweiligen Strahlers, also die Anzahl der radioaktiven Zerfälle je Sekunde.

Bei einer Aktivität von $A = 1{,}38 \cdot 10^{11}$ Bq $\left(1\ \text{Bq} = \text{s}^{-1}\right)$ wird für 1 g Radium eine gebildete Heliummenge von $V_{\text{He}} = 0{,}158\ \text{cm}^3$ in einem Jahr bestimmt. Das Normvolumen für Helium beträgt $V_{0,\text{He}} = 22{,}414$ L. Ein Jahr besteht aus $60 \cdot 60 \cdot 24 \cdot 365 = 31\,536\,000$ s.

Die Avogadro-Konstante ergibt sich dann aus der Aktivität A, dem Zeitraum t, dem Normvolumen $V_{0,\text{He}}$ und dem Volumen an gebildetem Helium V_{He}:

$$N_{\text{A}} = \frac{A \cdot t \cdot V_{0.\text{He}}}{V_{\text{He}}}$$

$$N_{\text{A}} = \frac{1{,}38 \cdot 10^{11} \cdot 31\,563\,000\ \text{s} \cdot 22\,414\ \text{cm}^3}{0{,}158\ \text{cm}^3 \cdot \text{s} \cdot \text{mol}} = 6{,}147 \cdot 10^{23}\ \text{mol}^{-1} \approx 6{,}15 \cdot 10^{23}\ \text{mol}^{-1}$$

3.7 Röntgenstrukturanalyse

In einem idealen Kristall sind die Atome bzw. Ionen so regelmäßig angeordnet, wie Flaschen in einer Kiste. Die Kisten können als Elementarzellen bezeichnet werden, die ihrerseits dicht gestapelt vorliegen.

Kennt man das Volumen des Kristalls V (des Kistenstapels), das Volumen der Elementarzelle V_0 (der einzelnen Kiste) und die Anzahl i der Atome/Ionen (der Flaschen) in der Elementarzelle (der Kiste), dann ergibt sich die Anzahl der Atome/Ionen N im Kristall (dem Kistenstapel) gemäß:

$$N = \frac{V}{V_0} \cdot i$$

Mittels der Röntgenbeugung lassen sich die Gitterparameter bestimmen. Die Bragg'sche Gleichung verknüpft den Streuwinkel θ mit der Wellenlänge λ und dem Abstand der Netzebene a. Aus letzterem kann das Volumen eines Atoms V_{A} bestimmt werden.

Alle weiteren Parameter, wie z. B. Dichte, Reinheit oder molare Masse (ggfs. mit besonderer Berücksichtigung der Isotopenzusammensetzung) müssen separat bestimmt werden.

3.7.1 Beispiel Kochsalz

Kochsalz hat die Formel NaCl und besteht aus gleichen Anteilen an Natrium-Ionen und Chlorid-Ionen. Die molare Masse M_{NaCl} beträgt 58,4 g mol^{-1}, die Dichte $\rho_{\mathrm{NaCl}} = 2{,}163$ g cm^{-3}. Da beide Ionen unterschiedlich groß sind, bestimmt man mittels der Röntgentechnik zunächst die Kantenlänge a des Mikrokristalls, der aus vier Formeleinheiten aufgebaut ist: [4NaCl]. Diese beträgt $5{,}63 \cdot 10^{-10}$ m.

Das Volumen $V_{[4\mathrm{NaCl}]}$ beträgt dann $V_{[4\mathrm{NaCl}]} = (5{,}63 \cdot 10^{-8}\ \mathrm{cm})^3 = 178{,}45 \cdot 10^{-24}\ \mathrm{cm}^3$.

Das mittlere Volumen einer Formeleinheit Natriumchlorid (NaCl) beträgt ein Viertel dessen: $V_{[\mathrm{NaCl}]} = 178{,}45 \cdot 10^{-24}\ \mathrm{m}^3 : 4 = 44{,}613 \cdot 10^{-24}\ \mathrm{cm}^3$.

Das molare Volumen von Kochsalz $V_{\mathrm{m,NaCl}}$ lässt sich aus der Dichte und der molaren Masse des Natriumchlorids errechnen:

$$V_{\mathrm{m,\,NaCl}} = \frac{M_{\mathrm{NaCl}}}{\rho_{\mathrm{NaCl}}} = \frac{58{,}4\ \mathrm{g\ cm}^3}{2{,}163\ \mathrm{g\ mol}} = 27\ \mathrm{cm}^3\ \mathrm{mol}^{-1}$$

Schließlich errechnet sich die Avogadro-Konstante N_{A} als Quotient des molaren Volumens $V_{0,\mathrm{NaCl}}$ und des Volumens der Elementarzelle $V_{[\mathrm{NaCl}]}$:

$$N_{\mathrm{A}} = \frac{V_{\mathrm{m,NaCl}}}{V_{[\mathrm{NaCl}]}} = \frac{27\ \mathrm{cm}^3}{44{,}613 \cdot 10^{-24}\ \mathrm{cm}^3\ \mathrm{mol}} = 6{,}052 \cdot 10^{23}\ \mathrm{mol}^{-1} \approx 6{,}05 \cdot 10^{23}\ \mathrm{mol}^{-1}$$

3.7.2 Beispiel Silizium

Im Rahmen des Avogadro-Projekts wurde die Avogadro-Konstante neu bestimmt. Hierzu wurde aus hochangereichertem fast isotopenreinem Silizium (>99,995 % ^{28}Si) ein Einkristall erzeugt und daraus eine nahezu perfekte Kugel (Abweichung<100 nm) geformt. Nach der Neubestimmung der (mittleren) molaren Masse des Siliziums M_{Si}, dem Volumen V_{Kugel} und der Masse m_{Kugel} der Kugel und dem Volumen der Einheitszelle d^3 des Siliziumeinkristalls konnte die Avogadrozahl gemäß:

$$N_{\mathrm{A}} = \frac{M_{\mathrm{Si}} \cdot V_{\mathrm{Kugel}} \cdot i}{d^3 \cdot \mathrm{m}_{\mathrm{Kugel}}}$$

neu bestimmt werden. Der Faktor ($i = 8$) kommt daher, dass bei dem „Abzählen“ der Si-Atome berücksichtigt werden muss, dass die acht Atome in den Ecken des Si-Gitters zu den jeweils acht angrenzenden Elementarzellen gehören.

Um zu gewährleisten, dass alle Parameter mit höchster Präzision bestimmt wurden waren an diesem Projekt beteiligt: PTB (Deutschland), INRIM (Italien), NIST (USA), NMIJ (Japan), NMI-A (Australien), METAS (Schweiz), NPL (Großbritannien), BIPM (Frankreich), IRMM (Belgien) und Centrotech (Russland). Jede Teilmessung wurde bei verschiedenen Partnern unabhängig voneinander ausgeführt.

Als Ergebnis aller dieser Einzelmessungen und den Ergebnissen der parallel durchgeführten Wattwaagen-Experimente wurde die Avogadro-Konstante bestimmt zu:

$$\boldsymbol{N_A = 6{,}022\,140\,76 \cdot 10^{23}\ \mathrm{mol}^{-1}}$$

Dieser Wert wurde aktuell als *definierender Wert* für N_A festgelegt (näheres vergleiche z. B. PTB 2015 oder PTB 2019).

3.8 Werte der Avogadro-Konstante

Seit dem Versuch von Loschmidt wurden weitere Messungen, mit immer wieder verfeinerten Messmethoden, zur Bestimmung der Fundamentalkonstante N_A durchgeführt. Dies hatte zur Folge, dass sich der Wert immer wieder – geringfügig – veränderte. Von 1910 bis 1965 galt als Wert $N_A \approx 6{,}06 \cdot 10^{23}\ \mathrm{mol}^{-1}$. Seit Anfang der 1970er Jahre gilt $N_A \approx 6{,}022 \cdot 10^{23}\ \mathrm{mol}^{-1}$. Tab. 3.1 zeigt die unterschiedlichen Werte über die Jahre.

Für die chemische Praxis im Laboratorium reicht es i. d. R. aus mit dem gerundeten Wert von $N_A \approx 6{,}022 \cdot 10^{23}\ \mathrm{mol}^{-1}$ zu rechnen. Für genaue Bestimmungen sollte jedoch der Wert von $N_A = 6{,}022\,141\,76 \cdot 10^{23}\ \mathrm{mol}^{-1}$ verwendet werden.

Tab. 3.1 Werte der Avogadro-Konstante

Jahr	Wert	Anmerkung
1865	$7{,}6 \cdot 10^{22}\ \text{mol}^{-1}$	Loschmidt, aus der Größe der „Luftteilchen"
1910	$6{,}064 \cdot 10^{23}\ \text{mol}^{-1}$	Millikan, aus: $N_A = F{:}e$
1931	$6{,}059 \cdot 10^{23}\ \text{mol}^{-1}$	Kappler, Brownsche Bewegung einer Drehwaage
1964	$6{,}059\,61 \cdot 10^{23}\ \text{mol}^{-1}$	Bearden, Röntgenstruktur an Calcit
1973	$6{,}022\,045 \cdot 10^{23}\ \text{mol}^{-1}$	ICSU
1976	$6{,}022\,0941 \cdot 10^{23}\ \text{mol}^{-1}$	Deslattes et al.; Röntgenstruktur an Silizium
1981	$6{,}022\,1360 \cdot 10^{23}\ \text{mol}^{-1}$	PTB
1985	$6{,}022\,1358 \cdot 10^{23}\ \text{mol}^{-1}$	ICSU
1987	$6{,}022\,1367 \cdot 10^{23}\ \text{mol}^{-1}$	NIST, Wattwaage
2000	$6{,}022\,141\,99 \cdot 10^{23}\ \text{mol}^{-1}$	NIST, Wattwaage
2005	$6{,}022\,141\,15 \cdot 10^{23}\ \text{mol}^{-1}$	NIST, Wattwaage
2006	$6{,}022\,141\,79 \cdot 10^{23}\ \text{mol}^{-1}$	CODATA
2010	$6{,}022\,141\,29 \cdot 10^{23}\ \text{mol}^{-1}$	NIST, Wattwaage
2011	$6{,}022\,140\,82 \cdot 10^{23}\ \text{mol}^{-1}$	PTB, Si-28-Einkristall
2013	$6{,}022\,141\,99 \cdot 10^{23}\ \text{mol}^{-1}$	CODATA
2015	$6{,}022\,140\,76 \cdot 10^{23}\ \text{mol}^{-1}$	PTB, Si-28-Einkristall
2014	$6{,}022\,140\,86 \cdot 10^{23}\ \text{mol}^{-1}$	NIST, Wattwaage
2017	$6{,}022\,137\,70 \cdot 10^{23}\ \text{mol}^{-1}$	NIST, Wattwaage
2017	$6{,}022\,140\,84 \cdot 10^{23}\ \text{mol}^{-1}$	NMIJ, Si-28-Einkristall
2017	$6{,}022\,140\,772 \cdot 10^{23}\ \text{mol}^{-1}$	NRC, Si-28-Einkristall
2018	$6{,}022\,140\,76 \cdot 10^{23}\ \text{mol}^{-1}$	exakter Wert (internationale Festlegung), CODATA

Abkürzungen:
CODATA: *Committee on Data for Science and Technology,* ICSU: *International Council of Scientific Unions* (seit 2018 *International Council for Science,* ICS), NIST: *National Institute of Standards and Technology* (USA), NMIJ: *National Metrology Institute of Japan* (J), NRC: *National Research Council* (CAN), PTB: Physikalisch-Technische Bundesanstalt (D)

N_A – ein ungenaues chemisches Dutzend? 4

Es soll an dieser Stelle auch darauf hingewiesen werden, dass an der Avogadro-Konstante als einer Naturkonstante Kritik geübt wurde und wird (z. B. Luthardt 2015 oder Weninger 1982). Die Avogadro-Zahl ist eine „Zählgröße" wie auch z. B. das Dutzend (= 12 Stück) oder das Gros (= 12 Dutzend) – und damit gleichermaßen eine Vereinfachung.

Die Kritik die nun geübt wird ist, dass man aus einem Zählmaß (analog dem Dutzend) eine Naturkonstante gemacht habe, obwohl es überhaupt nicht möglich sei, eine hinreichend genaue Zählung durchzuführen. Stille unterscheidet Mitte der 1950er Jahre in eine auf die Teilchenanzahl bezogene Einheit und in eine stoffspezifische, chemische Masseneinheit (Stille 1955). Zuweilen wird auch an das *dekadische Mol* mit exakt 10^{24} Teilchen erinnert, welches Mitte des 20. Jahrhunderts vorgeschlagen worden war.

Potentielle Änderungen durch das dekadische Mol

Mit dem dekadischen Mol würden sich alle relativen Atommassen um den Faktor 10/6,022 (also um gut 60 %) ändern. Nachfolgende Tabelle zeigt ein paar Beispiele zu den Änderungen, die hier aufkämen:

Stoff	H	O	S	C	H_2O	H_2SO_4	$C_6H_{12}O_6$
M_r (mit N_A)	1,007 84	15,999 03	32,059	12,0116	18,0147	98,0708	180,157 86
M_{rd} (dek. Mol)	0,606 921	9,634 616	19,0359	7,233 39	10,8484	59,058	108,491

T. Schmiermund, *Die Avogadro-Konstante*, essentials,
https://doi.org/10.1007/978-3-658-29279-9_4

Ein Liter Wasser bestünde nicht mehr aus 55,51 avogadroschen Mol, sondern aus 92,18 dekadischen Molen. Und eine Schwefelsäure-Lösung mit der Stoffmengenkonzentration von $c = 1{,}0\ \text{mol L}^{-1}$ hätte einen Massenanteil von 5,91 % – anstelle der heutigen 9,81 %.

Jeder Leser mag sich nun selbst ausmalen, welche Schwierigkeiten, welche Fehleranfälligkeit, welche Unzulänglichkeiten und Unfallgefahren eine solche Umstellung heraufbeschworen hätte.

Bedingt durch die Winzigkeit der Atome und Moleküle ist es nicht möglich, einen Zahlenwert anzugeben, der ein **exaktes** Zählmaß darstellt. Es verhält sich – metamorphisch gesprochen – ein wenig wie mit der Heisenberg'schen Unschärferelation: Man kann genauso wenig einzelne Atome innerhalb einer großen Masse abzählen oder abwiegen, wie man Ort und Geschwindigkeit eines Atomhüllenelektrons gleichzeitig genau bestimmen kann.

Rechenbeispiel

Nehmen wir von einem Mol Teilchen ($= 6{,}022\ 140\ 760\,000 \cdot 10^{23}$ „Stück“), z. B. Kohlenstoffatome des Isotops ^{12}C, die ungeheure Anzahl von 1 Billiarde ($= 10^{12}$) Atome weg, so verbleibt eine Restmenge von 6,022 140 759 990 Atomen. Bezogen auf die Masse ist die Restmenge jetzt um $1{,}990\ 763\ 11 \cdot 10^{-14}$ kg oder rund 19,9 pg (Picogramm) geringer.

Es wäre auch bei der Einführung des dekadischen Mols weiterhin nicht möglich gewesen, so genau zu messen oder zu wiegen, dass die *exakte* Teilchenanzahl einer beliebigen abgemessenen Stoffportion in der Praxis hätte bestimmt werden können. Ein gewisser Fehler wäre auch hier geblieben.

In Summe bleibt festzuhalten, dass die Umstellung auf ein dekadisches Mol nur die rechnerische Teilchenanzahl genau definiert hätte. Die negativen Folgen für die Praxis wären unüberschaubar groß gewesen. Daher ist das Festhalten an einer durch die Teilchen selbst – sozusagen von der Natur – vorgegebenen (An) Zahl die bessere Variante.

Damit ist es aber auch logisch, dass aus dem „Vergleichswert“ Avogadros eine Naturkonstante wurde und es ist nur konsequent, diese analog zu anderen Naturkonstanten zu behandeln.

Das SI-Einheitensystem 5

Das internationale Einheitensystem bildet, zusammen mit den SI-konformen Einheiten, die Grundlage für eine globale wissenschaftliche und wirtschaftliche Zusammenarbeit. Gleichzeitig bildet das SI die Grundlage für viele nationale Gesetze im Bereich des Mess- und Einheitenwesens.

5.1 Kurze Historie des SI

Tab. 5.1 gibt einen Überblick zur Entstehung des Internationalen Einheitensystems (SI).

5.2 Das Mol im alten SI

Von 1971 bis Mai 2019 wurde das Mol als Einheit der Stoffmenge wie folgt definiert:

1. Das Mol ist die Stoffmenge eines Systems, das aus ebenso viel Einzelteilchen besteht, wie Atome in 0,012 kg des Kohlenstoffnuklids ^{12}C enthalten sind; sein Zeichen ist „mol".
2. Bei Benutzung des Mols müssen die Einzelteilchen spezifiziert sein und können Atome, Moleküle, Ionen, Elektronen sowie andere Teilchen oder Gruppen solcher Teilchen genau angegebener Zusammensetzung sein.

- Zusatz (1980): Bei der Definition des Mols wird davon ausgegangen, dass es sich um ungebundene Kohlenstoff-12-Atome handelt, die sich in Ruhe und im Grundzustand befinden.

T. Schmiermund, *Die Avogadro-Konstante*, essentials,
https://doi.org/10.1007/978-3-658-29279-9_5

Tab. 5.1 Kurzer historischer Überblick zum Internationalen Einheitensystem (SI)

1789	Erste Bestrebungen für ein einheitliches Einheitensystem in Frankreich
1799	Urmeter und Urkilogramm entstehen (Frankreich)
1832	Gauß setzt sich für das CGS-System ein
1875	17 Staaten unterzeichnen die ‚Meterkonvention'
1899	Erste CGPM-Konferenz, Urmeter und Urkilogramm werden international anerkannt, das MKS-System (Meter-Kilogramm-Sekunde) entsteht
1901	Das Kilogramm wird als Einheit der Masse festgelegt. Der Begriff Gewicht bezeichnet eine Kraft („Gewichtskraft" F in der Einheit Newton, N)
1946	Mit der Definition des Amperes (A) als Einheit der elektrischen Stromstärke (I) wird das MKSA-System eingeführt
1954	Ein internationales Einheitensystem soll auf sechs Basiseinheiten (mit ihren Basisgrößen) beruhen: Meter, m (Länge, l), Kilogramm, kg (Masse, m), Sekunde, s (Zeit, t), Ampere, A (Stromstärke, I) Grad Kelvin, °K (Temperatur, T), und Candela, cd (Lichtstärke, I_V)
1960	Der Name „SI" für das Einheitensystem wird eingeführt
1967	„Grad Kelvin" (°K) wird in „Kelvin" (K) umbenannt Die Sekunde und die Candela werden neu definiert
1971	Die Stoffmenge n mit der Einheit mol wird als siebte Basisgröße eingeführt
1979	Die Candela wird neu definiert Als Zeichen für die Einheit Liter ist „L" zulässig (Grund: Vermeidung der Verwechslung mit der Ziffer 1. Vielfach ist „L" heute die normale Variante)
1983	Der Meter wird über die Lichtgeschwindigkeit c definiert
2019	Neudefinitionen: Alle SI-Einheiten werden nun auf Naturkonstanten zurückgeführt

Diese Definition ist eng an die Definition des Kilogramms gebunden, denn aus ihr folgt, dass die molare Masse des ^{12}C genau gleich 12,0 g pro Mol ist: $M(^{12}\mathrm{C}) = 0{,}012$ kg/mol.

Diese Definition des Mols erlaubt(e) es den Wert der Avogadro-Konstante zu bestimmen. Für die Anzahl der Teilchen N eines Stoffes X in einer Probe und dessen Stoffmenge $n(X)$ gilt:

$$n(X) = \frac{N(X)}{N_A}$$

5.3 Das neue SI

Sekunde, Meter und Candela werden bereits seit vielen Jahren über Naturkonstanten definiert. Das Ampere hingegen wurde bislang über eine (idealisierte) Messvorschrift, Kelvin und Mol über Materialeigenschaften und das Kilogramm über ein Artefakt (das „Urkilogramm“) definiert.

Ergäben sich hier Änderungen (wie z. B. beim Urkilogramm), dann würden sich auch die entsprechenden Zusammenhänge für die Technik in ihren Zahlenwerten ändern. So hätte eine Änderung des Kilogramms Auswirkungen auf die Einheit der Kraft N ($N = kg \cdot m/s^2$) und darüber hinaus Auswirkungen auf die Angabe von Drücken $\left(Pa = N/m^2\right)$.

Im alten SI waren die Einheiten vorgegeben, d. h. in diesem System wurden die Naturkonstanten gemessen. Das führte dazu, dass sich die offiziellen Werte der Naturkonstanten den Messwerten und den Messmöglichkeiten anpassen mussten – mithin veränderlich waren.

Bei der Erarbeitung des neuen SI hatte man sich das Ziel gesetzt einen Paradigmenwechsel zu vollziehen. Kilogramm, Ampere, Kelvin und Mol sollten nun ebenfalls über (Natur)Konstanten definiert werden. Nach langjährigen Vorarbeiten konnten diese Konstanten sehr genau bestimmt werden und bilden nun die Grundlage des neuen SI-Einheitensystems. Die CGPM hat damit dem Anspruch der Meterkonvention „Für alle Zeiten, für alle Völker“ faktisch erfüllt.

5.3.1 Definierende Konstanten im SI

In neuen SI erhalten sieben Naturkonstanten als so genannte „definierende Konstanten“ festgelegte Werte. Diese sind:

- Frequenz des **Hyperfeinstrukturübergangs** des Grundzustands im ^{133}Cs-Atom:
  $\boldsymbol{\Delta\nu} = 9\ 192\ 631\ 770\ \mathrm{s}^{-1}$
- **Lichtgeschwindigkeit im Vakuum:**
  $c = 299\ 792\ 458\ \mathrm{ms}^{-1}$
- **Planck-Konstante:**
  $\boldsymbol{h} = 6{,}626\ 070\ 15 \cdot 10^{-34}\ \mathrm{J\ s}\ (\mathrm{J\ s} = \mathrm{kg\ m^2\ s^{-1}})$
- **Elementarladung**
  $\boldsymbol{e} = 1{,}602\ 176\ 634 \cdot 10^{-19}\ \mathrm{C}\ (\mathrm{C} = \mathrm{A\,s})$

- **Boltzmann-Konstante**
  $k = 1{,}380\,649 \cdot 10^{-23}$ J K^{-1} (J K^{-1} = kg m^2 s^{-2} K^{-1})
- **Avogadro-Konstante**
  $N_A = 6{,}022\,140\,76 \cdot 10^{23}$ mol^{-1}
- Das **Photometrische Strahlungsäquivalent** K_{cd} einer monochromatischen Strahlung der Frequenz $540 \cdot 10^{12}$ Hz ist genau gleich 683 lm durch Watt.

5.3.2 Definitionen der SI-Einheiten

Nachfolgend die aktuell gültigen Definitionen der SI-Einheiten gemäß PTB 2019 und Europäische Kommission 2019 (vergleiche Literaturanhang).

Sekunde

Die Sekunde, Einheitenzeichen s, ist die SI-Einheit der Zeit. Sie ist definiert, indem für die Cäsiumfrequenz Δ*ν*, des ungestörten Hyperfeinübergangs des Grundzustands des Cäsiumatoms 133, der Zahlenwert 9 192 631 770 festgelegt wird, ausgedrückt in der Einheit Hz, die gleich s^{-1} ist.

Das heißt:
Eine Sekunde ist gleich der Dauer von 9 162 631 770 Schwingungen der Strahlung, die der Energie des Übergangs zwischen den beiden Hyperfeinstrukturniveaus des ungestörten Grundzustands im Cs-133-Atom entspricht.

Meter

Der Meter, Einheitenzeichen m, ist die SI-Einheit der Länge. Er ist definiert, indem für die Lichtgeschwindigkeit im Vakuum *c* der Zahlenwert 299 792 458 festgelegt wird, ausgedrückt in der Einheit m/s, wobei die Sekunde mittelsΔ*ν* definiert ist.

Das heißt:
Ein Meter ist gleich der Strecke, die Licht im Vakuum innerhalb des Bruchteils von 1/299 792 458 einer Sekunde zurücklegt.

Oder:
In einer Sekunde legt das Licht im Vakuum eine Strecke von 299 792 458 m zurück.

Kilogramm

Das Kilogramm, Einheitenzeichen kg, ist die SI-Einheit der Masse. Es ist definiert, indem für die Planck-Konstante h der Zahlenwert 6,626 070 15 · 10^{-34} festgelegt wird, ausgedrückt in der Einheit J s, die gleich kg m^2 s^{-1} ist, wobei der Meter und die Sekunde mittels c und Δ*ν* definiert sind.

Das heißt:
Die Einheit Kilogramm wird mit der Wirkung (Einheit kg m^2 s^{-1}) verknüpft, einer physikalischen Größe der theoretischen Physik. Zusammen mit der Definition für die Sekunde und den Meter ergibt sich die Definition des Kilogramm als Funktion des Planck'schen Wirkungsquantums h.

Ampere

Das Ampere, Einheitenzeichen A, ist die SI-Einheit der elektrischen Stromstärke. Es ist definiert, indem für die Elementarladung e der Zahlenwert 1,602 176 634 · 10^{-19} festgelegt wird, ausgedrückt in der Einheit C, die gleich A s ist, wobei die Sekunde mittels $\Delta \nu$ definiert ist.

Das heißt:
Ein Ampere entspricht dem Stromfluss von 1/(1,602 176 634 · 10^{-19}) Elementarladungen (Elektronen) pro Sekunde.

Kelvin

Das Kelvin, Einheitenzeichen K, ist die SI-Einheit der thermodynamischen Temperatur. Es ist definiert, indem für die Boltzmann-Konstante k der Zahlenwert 1,380 649 · 10^{-23} festgelegt wird, ausgedrückt in der Einheit J K^{-1}, die gleich kg m^2 s^{-2} K^{-1} ist, wobei das Kilogramm, der Meter und die Sekunde mittels h, c und $\Delta \nu$ definiert sind.

Das heißt:
Ein Kelvin entspricht einer Änderung der thermodynamischen Temperatur, die mit einer Änderung der thermischen Energie (kT) um 1,380 649 · 10^{-23} J einhergeht.

Mol

Das Mol, Einheitenzeichen mol, ist die SI-Einheit der Stoffmenge. Ein Mol enthält genau 6,022 140 76 · 10^{23} Einzelteilchen. Diese Zahl entspricht dem für die Avogadro-Konstante N_A geltenden festen Zahlenwert, ausgedrückt in der Einheit mol^{-1}, und wird als Avogadro-Zahl bezeichnet.

Die Stoffmenge, Zeichen n, eines Systems ist ein Maß für eine Zahl spezifizierter Einzelteilchen. Bei einem Einzelteilchen kann es sich um ein Atom, ein Molekül, ein Ion, ein Elektron, ein anderes Teilchen oder eine Gruppe solcher Teilchen mit genau angegebener Zusammensetzung handeln.

Das heißt:
Ein Mol ist die Stoffmenge eines Systems, das 6,022 140 76 · 10^{23} bestimmte Einzelteilchen enthält.

Candela

Die Candela, Einheitenzeichen cd, ist die SI-Einheit der Lichtstärke in einer bestimmten Richtung. Sie ist definiert, indem für das photometrische Strahlungsäquivalent Kcd der monochromatischen Strahlung der Frequenz $540 \cdot 10^{12}$ Hz der Zahlenwert 683 festgelegt wird, ausgedrückt in der Einheit lm W^{-1}, die gleich cd sr W^{-1} oder cd sr kg^{-1} m^{-2} s^3 ist, wobei das Kilogramm, der Meter und die Sekunde mittels h, c und $\Delta\nu$ definiert sind.

Das heißt:
Eine Candela ist die Lichtstärke (in eine bestimmte Richtung) einer Strahlenquelle, die mit einer Frequenz von $540 \cdot 10^{12}$ Hz emittiert und die eine Strahlungsintensität in dieser Richtung von 1/683 W sr^{-1} hat.

5.3.3 Was ändert sich?

In kurzen Worten:
Im Alltag ändert sich nichts. Für Wissenschaft und Technik ändert sich wenig.

Durch die Vereinbarung der Avogadro-Konstante einen festen Wert zuzuweisen ändert sich z. B. die molare Masse der Kohlenstoff-Isotops $M(^{12}C)$ von 12,0 g mol^{-1} auf 11,999 999 9958 g mol^{-1} – das entspricht einer Änderung um −0,35 ppb. Ähnlich verhält es sich mit dem Faktor zur Umrechnung von u *(unified atomic mass unit)* bzw. m_u in g mol^{-1}: der Konstante der molaren Masse M_u. Auch diese Ändert sich um −0,35 ppb von 1,0 g mol^{-1} auf 0,999 999 999 65 g mol^{-1}.

Die nachhaltigsten Veränderungen ergeben sich für Wissenschaftler, die sich mit der Metrologie (der Wissenschaft vom Messen) befassen.

Was Sie aus diesem *essential* mitnehmen können

- Die wichtigsten Gesetze die zur Hypothese Avogadros führten
- Wie der Begriff „Mol“ entstand
- Praktische Beispiele zur Bestimmung der Avogadro-Konstante
- Aktuelle Definitionen der SI-Einheiten

T. Schmiermund, *Die Avogadro-Konstante*, essentials,
https://doi.org/10.1007/978-3-658-29279-9

Literatur

Atkins P. W. (1996) *Physikalische Chemie*, 2. Auflage, VCH, Weinheim

Bethge K., Gruber G., Stöhlker T. (2004) *Physik der Atome und Moleküle: Eine Einführung*, Wiley-VCH, Weinheim

Binnewies M., Jäckel M., Willner H., Rayner-Canham G. (2004) *Allgemeine und Anorganische Chemie*, Spektrum, Heidelberg

Christen H. R., Meyer G. (1997) *Grundlagen der Allgemeinen und Anorganischen Chemie*, Salle + Sauerländer, Frankfurt am Main

Cotton F. A., Wilkinson G., Gaus P. L. (1990) *Grundlagen der Anorganischen Chemie*, VCH, Weinheim

Demtröder W. (2010) *Experimentalphysik 3: Atome, Moleküle und Festkörper*, Springer, Heidelberg

Dickerson R. E., Gray H. B., Haight G. P. (1978), *Prinzipien der Chemie*, de Gruyter, Berlin

Europäische Kommission (2019) *Richtlinie 2019/1258 der Europäischen Kommission*: https://eur-lex.europa.eu/legal-content/DE/TXT/PDF/?uri=CELEX:32019L1258&qid=1570568629267&from=EN, zuletzt abgerufen im Oktober 2019

Falbe J., Regitz M. (Hrsg) (1995) *Römpp Chemie Lexikon*, 9. Auflage, Georg Thieme, Stuttgart

Felixberger J. K. (2017) *Chemie für Einsteiger*, Springer, Heidelberg

Job G., Rüffler R. (2011) *Physikalische Chemie*, Vieweg + Teubner, Wiesbaden

Gehrtsen (2006) Physik, Hrsg.: Meschede D, 23. Auflage, Springer, Heidelberg

Haller J., Banholzer K., Baumfalk R. (2019) *Wie kommt das Kilogramm in meine Laborwaage?*; in: Chemie in unserer Zeit, 2019, 53, S. 84–90; https://doi.org/10.1002/chiuz.201800878

Höfling O. (1970) *Mehr Wissen über Physik*, Aulis, Köln

Höfling O. (1990) *Physik*, 15. Auflage, Dümmler, Bonn

Hollemann A. F., Wiberg E. (1985) *Lehrbuch der anorganischen Chemie*, 91.–100. Auflage, de Gruyter, Berlin

Keune H., Augustin M., Demus D., Taeger E. (1972) *chimica – Ein Wissensspeicher*, VEB Deutscher Verlag für Grundstoffindustrie, Leipzig

Kurzweil P. (2000) *Das Vieweg Einheiten-Lexikon*, Vieweg, Braunschweig

Latscha H. P., Klein H. A. (1996) *Anorganische Chemie*, 7. Aufl., Springer, Heidelberg

T. Schmiermund, *Die Avogadro-Konstante*, essentials,
https://doi.org/10.1007/978-3-658-29279-9

Latscha H. P., Mutz M. (2011) *Chemie der Elemente*, Springer, Heidelberg

Luthardt M. (2015) *Mol und Avogadro-Zahl – naturgegeben?* in: CLB, 66. Jahrgang, Heft 05–06/2015, online erhältlich unter: https://dr-luthardt.de/chemie/CLB05-06-2015avogadro.pdf, zuletzt abgerufen im Oktober 2019

Moore, W. J. (1990) *Grundlagen der Physikalischen Chemie*, de Gruyter, Berlin

Mortimer C. E. (1996) *Chemie*, 6. Aufl. Georg Thieme, Stuttgart

Näser K.-H., Lempe D., Regen O. (1990) *Physikalische Chemie für Techniker und Ingenieure*, 19. Auflage, VEB Deutscher Verlag für Grundstoffindustrie, Leipzig

Pötsch W. R., Fischer A., Müller W. (1988) *Lexikon bedeutender Chemiker*, VEB Bibliographisches Institut, Leipzig

PTB – Physikalisch-Technische Bundesanstalt (2001) *Dimensionen der Einheiten*, erhältlich unter: https://www.ptb.de/cms/fileadmin/internet/publikationen/masstaebe/Hefte_Komplett_PDF/mst01.pdf, zuletzt abgerufen im Oktober 2019

PTB – Physikalisch-Technische Bundesanstalt (2007) *Das Internationale Einheitensystem (SI)*, erhältlich unter: https://www.ptb.de/cms/fileadmin/internet/publikationen/ptb_mitteilungen/mitt2007/Heft2/PTB-Mitteilungen_2007_Heft_2.pdf, zuletzt abgerufen im Oktober 2019

PTB – Physikalisch-Technische Bundesanstalt (2012) *Das System der Einheiten*, erhältlich unter: https://www.ptb.de/cms/fileadmin/internet/publikationen/ptb_mitteilungen/mitt2012/Heft1/PTB-Mitteilungen_2012_Heft_1.pdf, zuletzt abgerufen im Oktober 2019

PTB – Physikalisch-Technische Bundesanstalt (2014) *Die gesetzlichen Einheiten in Deutschland*, erhältlich unter: https://www.ptb.de/cms/fileadmin/internet/presse_aktuelles/broschueren/intern_einheitensystem/Einheiten_deutsch.pdf, zuletzt abgerufen im Oktober 2019

PTB – Physikalisch-Technische Bundesanstalt (2015) *Die Messung der Avogadro-Konstante*, erhältlich unter: https://www.ptb.de/cms/fileadmin/internet/fachabteilungen/abteilung_4/Avogadrokonstante_Version_new1.pdf

PTB – Physikalisch-Technische Bundesanstalt (2016) *Experimente für das neue Internationale Einheitensystem (SI)*, erhältlich unter: https://www.ptb.de/cms/fileadmin/internet/publikationen/ptb_mitteilungen/mitt2016/Heft2/PTB-Mitteilungen_2016_Heft_2.pdf, zuletzt abgerufen im Oktober 2019

PTB – Physikalisch-Technische Bundesanstalt (2017) *Das neue Internationale Einheitensystem (SI)*, erhältlich unter: https://www.ptb.de/cms/fileadmin/internet/presse_aktuelles/broschueren/intern_einheitensystem/Das_neue_Internationale_Einheitensystem_V2.pdf, zuletzt abgerufen im Oktober 2019

PTB – Physikalisch-Technische Bundesanstalt (2018) *Immer und überall konstant*, erhältlich unter: https://www.ptb.de/cms/fileadmin/internet/forschung_entwicklung/das_si/Immer_und_ueberall_konstant_3.pdf, zuletzt abgerufen im Oktober 2019

PTB – Physikalisch-Technische Bundesanstalt (2019) *Neue Definitionen im Internationalen Einheitensystem (SI)*, erhältlich unter: https://www.ptb.de/cms/fileadmin/internet/forschung_entwicklung/countdown_new_si/Lesezeichen_zum_neuen_SI.pdf, zuletzt abgerufen im Oktober 2019

Riedel E. (1999) *Anorganische Chemie*, de Gruyter, Berlin

Röthlein B. (2006) *Atome hinter Gittern*, in: maßstäbe, Heft 7, erhältlich unter: https://www.ptb.de/cms/fileadmin/internet/forschung_entwicklung/das_si/magazinartikel/Atome_hinter_Gittern.pdf, zuletzt abgerufen im Oktober 2019

Schmiermund T. (2019) *Das Chemiewissen für die Feuerwehr*, Springer, Heidelberg

Schmiermund T. (2020) *Die Entdeckung des Periodensystems der chemischen Elemente* (*essentials*), Springer, Heidelberg

Seyfried P. (1984) *Neubestimmung der Avogadro-Konstanten*, in: Phys. Bl. (1984) Nr. 12, online verfügbar unter: https://onlinelibrary.wiley.com/doi/pdf/10.1002/phbl.19840401205, zuletzt abgerufen im Oktober 2019

Stille U., (1955) *Messen und Rechnen in der Physik*, Vieweg, Braunschweig

Stosch R., Rienitz O., Pramann A., Güttler B. (2019) *Wie viele Moleküle enthält ein Mol?*, in: Chemie in unserer Zeit, 2019, 53, S. 256–262; https://doi.org/10.1002/chiuz.201900014

Tipler P. A. (1994) *Physik*, Spektrum, Heidelberg

Weninger K. (1982) Stoffmenge und Anzahl, in: Phys. B. 38 (1982) Nr. 1, S. 30 (Leserbrief)

Welsch N., Schwab J., Liebmann C. C. (2013) *Materie – Erde, Wasser, Luft und Feuer*, Springer, Heidelberg

Weyer J. (2018) *Geschichte der Chemie*, 2 Bände, Springer, Heidelberg

Wußing H.-L., Diertich H., Purkert W., Tutzke D. (Hrsg.) (1992) *Fachlexikon Forscher und Erfinder*, Harri Deutsch, Frankfurt am Main